新型职业农民培育系列教材

乡村振兴科技专家答疑丛书

养鸡与鸡病防治 300 问

周大薇　叶青华　郭　蓉　主编

中国农业大学出版社

· 北京 ·

内 容 提 要

本书内容包括鸡场建设、鸡的品种与选育、鸡的饲料与营养、人工孵化技术、蛋鸡生产技术、肉鸡生产技术、鸡疾病防治技术与鸡场经营管理等内容。

图书在版编目(CIP)数据

养鸡与鸡病防治300问/周大薇,叶青华,郭蓉主编. —北京:中国农业大学出版社,2018.8

ISBN 978-7-5655-2103-4

Ⅰ.①养…　Ⅱ.①周…②叶…③郭…　Ⅲ.①鸡-饲养管理　②鸡病-防治　Ⅳ.①S831.4②S858.31

中国版本图书馆 CIP 数据核字(2018)第207432号

书　　名　养鸡与鸡病防治300问

作　　者　周大薇　叶青华　郭　蓉　主编

策划编辑　张　玉　张　蕊　　　　责任编辑　张　玉

封面设计　郑　川

出版发行　中国农业大学出版社

社　　址　北京市海淀区圆明园西路2号　　　　邮政编码　100193

电　　话　发行部 010-62818525,8625　　　　读者服务部 010-62732336

　　　　　编辑部 010-62732617,2618　　　　出　版　部 010-62733440

网　　址　http://www.cau.edu.cn/caup　　　　E-mail cbsszs @ cau.edu.cn

经　　销　新华书店

印　　刷　北京鑫丰华彩印有限公司

版　　次　2018年9月第1版　　2018年9月第1次印刷

规　　格　787×980　　16开本　　11.75印张　　215千字

定　　价　28.00元

图书如有质量问题本社发行部负责调换

编写人员

主　　编　周大薇（成都农业职业技术学院）

　　　　　叶青华（成都农业职业技术学院）

　　　　　郭　蓉（成都农业职业技术学院）

参　　编　陈盛絮（广东省茂名市动物疫病预防控制中心）

编写说明

农业是国民经济的基础，是国家稳定的基石。职业农民是农业生产的经营主体，向广大农民推广普及先进适用的农业科学技术，提高农村劳动者的科技素质，是增加农民收入的有效途径，是发展现代农业和建设社会主义新农村的重要举措。

现代养鸡业是农业生产的一部分，是技术密集型和知识密集型产业，科技含量较高。同时，养鸡也是微利经营的产业。作为一个经营者，必须掌握现代科学养殖技术，既要懂得生产技术，又要掌握各种信息，同时更要善于经营管理，这样才能在激烈的市场竞争中立于不败之地，获得更大的经济效益。

为了提高新型职业农民教育培训质量，指导广大生产者的生产实践，我们在总结提炼多年养鸡生产实践经验的基础上，遵循农民教育培训的基本特点和规律，以技术问答方式编写了《养鸡与鸡病防治 300 问》一书。全书内容包括鸡场建设、鸡的品种与选育、鸡的饲料与营养、人工孵化技术、蛋鸡生产技术、肉鸡生产技术、鸡疾病防治技术与鸡场经营管理等内容。

《养鸡与鸡病防治 300 问》是新型职业农民培育系列教材之一。本书力图结合我国养鸡生产实际，关注养鸡业发展动向，注重可行性、适用性和先进性，内容全面新颖，通俗易懂，图文并茂，可操作性强，既可作为养鸡生产一线的新型职业农民的培训教材，也可作为从事养鸡生产、管理人员及农业职业院校师生的学习参考用书。

本书由成都农业科技职业学院周大薇、叶青华、郭蓉主编，广东省茂名市动物疫病预防控制中心陈盛絮参编，成都农业科技职业学院邓继辉教授主审，北京农业职业学院李玉冰教授、农业部科技教育司寇建平和原农业部农民科技教育培训中心陈肖安等同志对教材内容进行了最终审定，在此一并表示感谢。

由于编者水平有限，加之时间仓促，书中不足之处，敬请读者批评、指正，以期进一步修订和完善。

编　者

2018 年 3 月

目　录

一、鸡场建设

1 新建鸡场如何报批？

（1）到土地管理部门办理临时用地手续　经营者提出申请（养鸡经营者与有关农村集体经济组织签订用地协议，向乡镇政府提出用地申请）→乡镇申报（乡镇政府对经营者提交的材料进行审查，符合要求的，将材料呈报县级政府审核）→县级审核（县级政府组织农用部门和国土资源部门进行审核，符合要求的，由县级政府批复同意，否则就按违法占地处理）。

（2）到兽医主管部门办理“动物防疫条件合格证”　养鸡场应当符合农业部《动物防疫条件审查办法》规定的动物防疫条件。养鸡场建设竣工后，应向县级兽医主管部门提出申请，并提交以下材料：动物防疫条件审查申请表、场所地理位置图、各功能区布局平面图、设施设备清单、管理制度文件、人员情况。

（3）到环保部门办理环境影响评价手续　先向环保局提交项目可行性研究报告，环保局审核。如果符合审批条件，会勘验厂址，然后根据分类管理名录告知是做报告书、报告表还是填登记表。如果做环境影响报告书和报告表，需要找有资质的单位去做项目环境影响评价，项目环境影响评价完成后，再报给环保局审批。

（4）到工商部门办理工商营业执照　凭《动物防疫条件合格证》到当地工商局方可办理工商营业执照。可以选择办理个体工商户、个人独资企业或有限公司中任何一种形式的营业执照。

2 如何选择鸡场场址？

鸡场选址宜在地势高燥、采光充足、排水良好、隔离条件好的区域。地形要方正，不宜过于狭窄，水质符合生活饮用水标准。周围 3 km 内无大型化工厂、矿厂，距离其他畜牧场应至少 1 km 以外。距离交通主干线、城市、村镇居民点至少 1 km 以上。禁止在生活饮用水水源保护区、风景名胜区、自然保护区的核心区及缓冲区，以及国家或地方法律、法规规定需特殊保护的其他区域内修建鸡舍。电力充足有保障，还需自备发电机以防停电。

3 鸡场内如何分区规划？

鸡场通常划分为生活管理区（包括办公用房、宿舍、食堂）、辅助生产区（包括设备维修、物资仓库、饲料贮存）、生产区（包括育雏舍、育成舍、成鸡舍、蛋库、孵化室等）和隔离区（包括兽医室、解剖室、隔离室、病死鸡焚烧炉、粪污处理）。鸡场按全年主导风向和地势分区规划如图 1-1 所示。

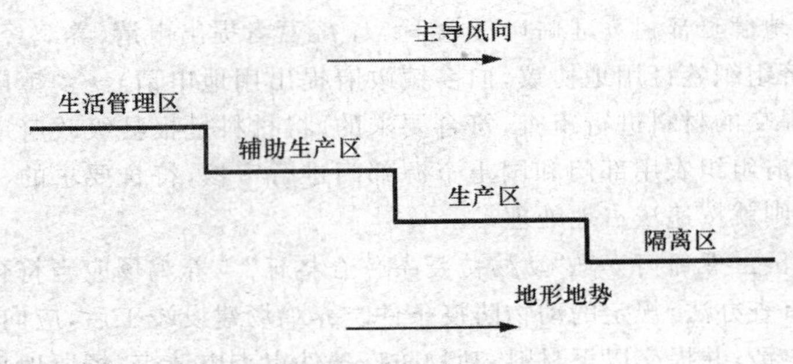

图 1-1　按地势、风向划分场区示意图

4 鸡场内建筑怎样布局？

（1）房舍建筑布局　生活区、办公区与生产区分离，且有明确标识，应位于生产区的上风向。养殖区域应位于污水、粪便和病、死鸡处理区域的上风向。同时，生产区内污道与净道分离，不相交叉，净道是供鸡群周转、人员进出、运送饲料的专用道路，污道是粪便和病死、淘汰鸡群出场的道路。

（2）鸡舍排列　鸡舍东西成排、南北成列。鸡舍排列有单列、双列或多列。避免横向狭长或竖向狭长的布局，以减少饲料、粪污运输距离和管线距离。

（3）鸡舍朝向　鸡舍朝向是指鸡舍长轴上窗户和门朝着的方向。从防寒和防暑要求来看，鸡舍朝向一般应以其长轴南向，或南偏东或偏西 40°以内为宜。

（4）鸡舍间距　相邻两栋鸡舍纵墙之间的距离称为间距。间距大，前排鸡舍不致影响后排采光，并有利于通风排污、防疫和防火，但会增加鸡场的占地面积。一般来说，密闭式鸡舍间距为 10～15 m，开放式鸡舍间距为鸡舍高度的 3～5 倍。

 鸡舍建筑有哪些形式？

(1)密闭式鸡舍　又分为有窗式鸡舍和无窗式鸡舍。有窗式鸡舍四面设墙，在纵墙上设窗，具有较好的保温隔热能力，便于人工控制舍内环境条件，适用于各气候区。无窗式鸡舍又称环境控制式鸡舍，屋顶及墙壁都采用隔热材料封闭起来，不设窗户，只有带拐弯的进气孔和排风孔，舍内小气候完全通过各种设备人为控制，不受季节的影响，减少了外界环境对鸡群的影响，但基建投资较大，耗电量高。

(2)开放式鸡舍　又分为全开放式和半开放式鸡舍，适合于不发达地区及小规模养殖。全开放式鸡舍四面无墙或有矮墙，自然通风换气，完全自然采光，适用于炎热地区和温暖地区。半开放式鸡舍三面有墙，一面仅有半截墙，全部或大部分靠自然通风，自然采光和人工光照相结合，适于冬季不太冷而夏季又不太热的地区使用。鸡舍结构简单，造价低，但外界对鸡群影响大，生产性能不稳定。

(3)卷帘式鸡舍　屋顶材料采用石棉瓦、铝合金瓦、普通瓦片、玻璃钢瓦，采用防漏隔热层处理，除了在离地 15 cm 以上建有 50 cm 高的薄墙外，其余全部敞开，在侧墙的内层和外层安装隔热卷帘，由机械传动，夏季炎热全部敞开，冬季寒冷可以全部闭合。

6 鸡的饲养方式有哪几种？

(1)地面平养　在鸡舍地面上铺以 15～18 cm 厚的垫料，鸡只在垫料上活动，一个饲养周期更换一次垫料。常用玉米秸、稻草、刨花、锯屑等作垫料，垫料要柔软、干燥、吸水力强、不易板结。厚垫料平养肉用仔鸡是目前普遍采用的一种饲养方式，但鸡只与粪便接触，容易患肠道疾病。

(2)网上平养　把鸡饲养在舍内高出地面约 60 cm 的塑料网或铁丝网上，粪便通过网孔落到地面，减少传染病的发生，但一次性投资较大。

(3)笼养　笼养是蛋鸡最普遍的养殖方式。笼具有 3～5 层，主要有全重叠式、全阶梯式、半阶梯式等，采用料槽供料，乳头饮水，占用空间小，房舍利用率高，饲料转化率高，鸡只不与粪便接触，减少疾病发生，但一次性投资大，鸡只活动受限，不符合动物福利要求。

(4)放养　采用自由放牧的形式，将鸡放牧到荒山、林地、草场、果园、旱田等自然环境中饲养的方式，是一种生态养殖方式，具有广阔的市场前景。

 鸡的生产工艺流程和养殖阶段如何划分?

不同性质的鸡场工艺流程如图 1-2 所示。

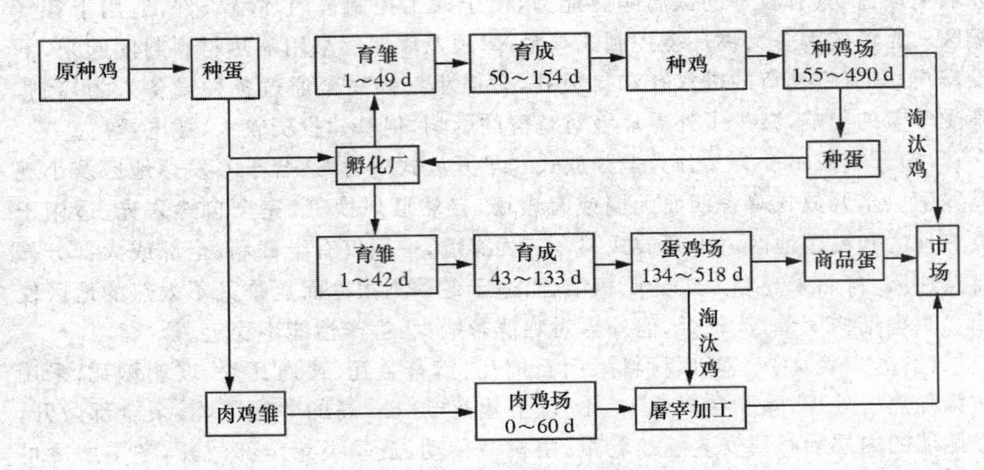

图 1-2　各种鸡场的生产工艺流程

肉用仔鸡生产工艺。一般采用"全进全出"一段式饲养模式。全进全出制是同一鸡舍或同一鸡场的同一段时间内只饲养同一批次的鸡,同时出场的管理制度。

蛋鸡和种鸡生产工艺。有一段式、二段式和三段式饲养模式。一段式是指鸡由出壳到淘汰都养在一栋鸡舍里。二段式是指将 0～20 周龄的鸡养在育雏育成鸡舍内,21 周龄后转入产蛋鸡舍直至淘汰。三段式即将 0～6 周龄雏鸡和 7～20 周龄育成鸡分别养在育雏舍和育成舍,21 周龄再后转入蛋鸡舍。

8 如何设计鸡舍?

(1)蛋鸡舍设计

①鸡舍跨度、长度和高度。开放式鸡舍一般跨度为 6～10 m,密闭式鸡舍为 12～15 m。鸡舍的长度取决于鸡舍的跨度和管理的机械化程度,跨度 6～10 m 的鸡舍,长度一般在 30～60 m,跨度较大的鸡舍如 12 m,长度一般在 70～80 m,不宜超过 100 m。如果鸡舍跨度不大、平养或不太热的地区,鸡舍屋檐高度 2.0～2.5 m。如果跨度大,又是多层笼养,鸡舍高度为 3 m 左右,或者以最上层的鸡笼距屋顶 1～1.5 m 为宜,若为高床密闭式鸡舍,由于下部设粪坑,高度一般为 4.5～

5 m。

②屋顶。除跨度不大的小鸡舍有用单坡式屋顶外，一般常用双坡式。

③门窗。门一般设在南向鸡舍的南面，单扇门高 2 m、宽 1 m，两扇门高 2 m、宽 1.6 m。开放式鸡舍的窗户应设在前后墙上，前窗应宽大，离地面较低，便于采光，后窗小，离地面较高，以利夏季通风。密闭鸡舍不设窗户，只设应急窗和通风进出气孔。

④操作间与走道。操作间是饲养员进行操作和存放工具的地方。鸡舍长度若不超过 40 m，操作间可设在鸡舍的一端，若鸡舍超过 40 m，则应设在鸡舍中央。笼养鸡舍鸡笼之间的走道为 0.8～1.0 m。

(2)肉鸡舍设计　鸡舍建筑应符合卫生要求，主要包括地面处理、天棚设置、墙体高度、厚度和门窗设计等，使之抗冲刷、隔热性能好、宽敞、通风性能好，不含有毒有害物质。

①种鸡舍。以封闭(遮黑)鸡舍为主，檐高要求 2.6～2.8 m，宽 9～12 m，长度 70～100 m。密闭式鸡舍在入口处两侧的墙上留进风口并安装湿帘降温，另一端山墙上安装风机，采用负压通风。风机和进风口大小根据存栏鸡数的多少确定。

②商品鸡舍。以有窗鸡舍和密闭式(遮黑)鸡舍为主。鸡舍高度不低于2.6 m，跨度为 9～12 m，长度按每栋的容量而定。保温设施，主要选择燃煤热风炉、燃气热风炉、暖气、电热育雏伞或育雏器，加快废除传统火炉取暖方式，以减少呼吸道疾病的发生。降温与通风换气设施采用湿帘降温，纵向通风。

9　鸡舍供暖设备有哪些？

根据热源不同，供暖设备主要有电热育雏笼、保温伞、红外线灯、远红外辐射加热器、煤炉、烟道等(图 1-3)。

电热育雏笼由加热、保温和活动笼三部分组成，一般 4 层，每层 6 个笼为一组。保温伞伞内有红外线灯和自动温度控制器，可方便地调节设定温度，一只伞可供 300～500 只雏鸡使用。每只 250 W 功率的红外线灯泡，可供 100～250 只雏鸡供温用。功率为 800 W 远红的外辐射加热器，可供 50 m^2 育雏室加热用，挂于距离地面 2 m 高处。环保节能热风炉用原煤作燃料，比普通火炉节煤 50%～70%，烟气自动外排，室内升温和加湿同步运行，能自动压火控温，煤燃尽时自动报警。煤炉多用于小规模地面育雏或笼养育雏，煤炉上设置炉管，炉管将煤烟及煤气排出室外，每 15～20 m^2 面积放一个煤炉即可。烟道分为地上烟道和地下烟道，前者常见，烟道两侧设有炉灶，应注意防火及烟道漏烟(图 1-3)。

a.电热育雏笼

b.保温伞

c.红外线灯

d.远红外辐射加热器

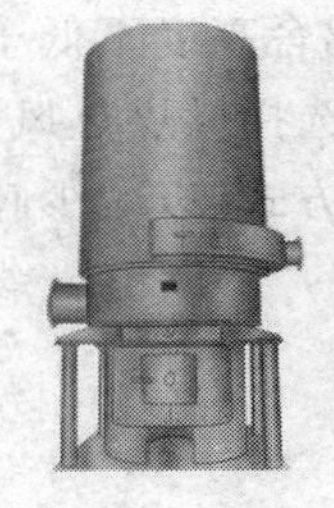

e.节能热风炉

f.煤炉

g.烟道

图 1-3　供暖设备

10　鸡舍饲养设备有哪些?

(1)喂料设备　料桶主要用于传统式肉用仔鸡饲养，料槽在个体饲养户中广泛使用。喂料车常用于多层鸡笼和叠层式笼养成鸡舍。在现代养鸡业中常使用自动化程度较高的喂料设备，包括储料塔、输料机、喂料机和饲槽等四个部分，喂料机又因输送饲料的原理不同有链板式喂料机、螺旋弹簧式喂料机和塞盘式喂料机(图 1-4)。

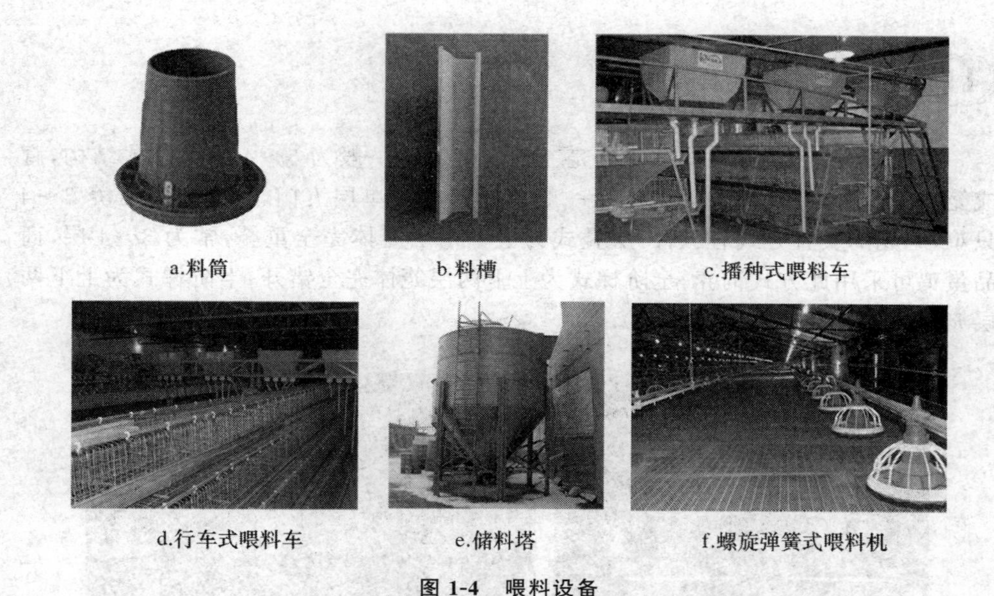

a.料筒　b.料槽　c.播种式喂料车

d.行车式喂料车　e.储料塔　f.螺旋弹簧式喂料机

图 1-4　喂料设备

(2)饮水设备　饮水设备包括水泵、水塔、过滤器、限制阀、饮水器以及管道设施等。真空饮水器适用于雏鸡和平养鸡。长形水槽常流水供水，许多老鸡场常用。平养时使用吊塔式自动饮水器，既卫生又节水。乳头饮水器是最理想的供水设备，广泛运用于平养和笼养鸡生产中。杯式饮水器与水管相连，水杯需要经常清洗(图 1-5)。

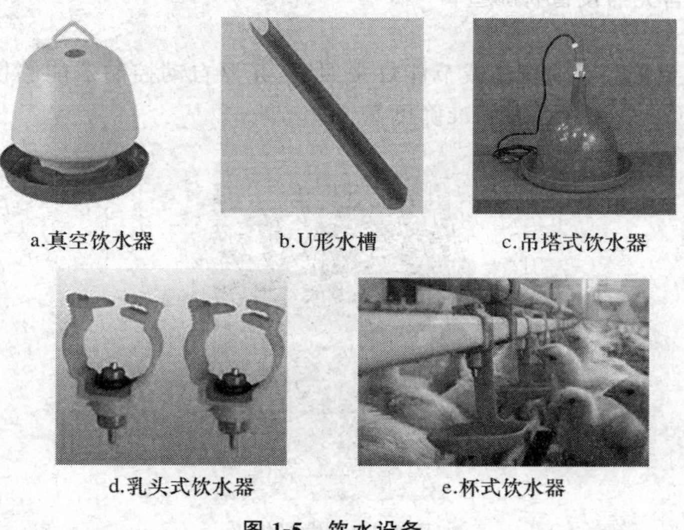

a.真空饮水器　b.U形水槽　c.吊塔式饮水器

d.乳头式饮水器　e.杯式饮水器

图 1-5　饮水设备

11 鸡舍笼具设备有哪些?

鸡笼有育雏笼、育成笼和产蛋笼三种。育雏笼一般为3～4层层叠式结构,育成笼均为3～4层阶梯式。产蛋笼一般单层四门或单层五门,每个单笼可养3～4只鸡,鸡笼的安置方式有三种:层叠式为上下两层笼体完全重叠,常为3～4层,商品蛋鸡可采用此方式饲养,全阶梯式为上下两层笼体完全错开,半阶梯式为上下两层笼体之间有一半重叠(图1-6)。

a.全阶梯式蛋鸡笼　　b.层叠式蛋鸡笼

图1-6　鸡笼

12 鸡舍光照设备有哪些?

鸡舍主要采用普通灯泡或节能灯来照明,光照自动控制器能够按时开灯和关灯,保证光照强度和光照时间准确可靠(图1-7)。

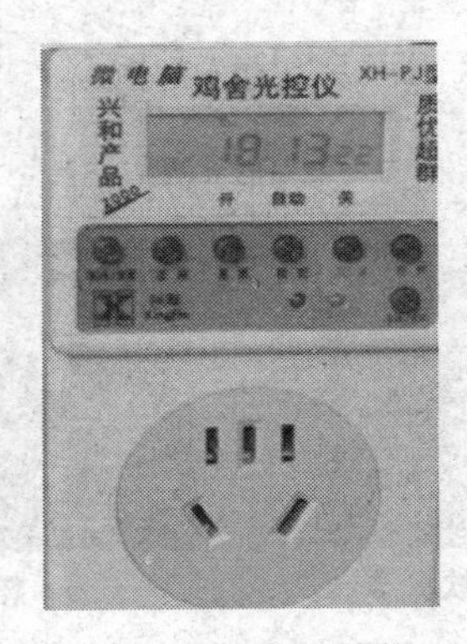

图1-7　鸡舍光控仪

13 鸡舍通风换气设备有哪些？

风机是主要的通风换气设备，在采用负压通风的鸡舍里，使用轴流式风机，在正压通风的鸡舍里，使用离心式风机。湿帘风机降温系统由纸质波纹多孔湿帘、湿帘冷风机、水循环系统及控制装置组成，夏季可降低舍内温度 5～8℃（图 1-8）。

a.风机

b.湿帘

图 1-8 通风换气设备

14 鸡舍集蛋设备有哪些？

鸡场有人工集蛋和机械集蛋两种设备。一般养鸡户利用蛋托进行手工集蛋，在各类鸡场中广泛使用电瓶车或手推车集蛋。大型养鸡场机械集蛋设备常用传送带式集蛋系统，可大幅度提高劳动效率，节省劳动力，但破损率较高（图 1-9）。

a.塑料蛋托

b.传送带式集蛋系统

图 1-9 集蛋设备

15 鸡舍清粪设备有哪些？

刮板式清粪机是现在比较常见的一种自动清粪机，多用于阶梯式笼养和网上平养鸡舍，带式清粪机适用于叠层式笼养鸡舍（图 1-10）。

a.刮板式清粪机

b.带式清粪机

图 1-10 清粪机

16 饲料加工设备有哪些？

（1）饲料粉碎机　常用的切向粉碎机通用性比较好，既能粉碎谷粒饲料，又能粉碎小块豆饼和整根茎秆饲料，适用于农村中小规模养鸡场。齿爪式粉碎机适合于加工玉米、高粱、大豆等杂粮，也可用于粉碎较小的豆饼等块状饲料及经过预先切碎的茎杆和藤蔓饲料（图 1-11）。

a.切向粉碎机

b.齿爪式粉碎机

图 1-11 饲料粉碎机

(2)饲料混合机　卧式饲料混合机螺旋转速一般为30～50转/分,混合1批饲料需用5.5～6分钟。立式饲料混合机螺旋转速为120～400转/分,混合一批饲料需要12～18分钟(图1-12)。

a.卧式饲料混合机

b.立式饲料混合机

图1-12　饲料混合机

17 孵化设备有哪些?

(1)孵化机　孵化机采用微电脑自动控制,自动翻蛋、自动控温控湿,包括机体、控温系统、控湿系统、翻蛋系统、通风换气系统、报警系统和均温装置等设备。生产中有箱式和巷道式孵化机两种类型。箱式孵化机包括孵化器和出雏器两部分,孵化器是胚蛋前、中期发育的场所,出雏器是雏鸡后期破壳的场所。巷道式孵化机适合于大型种鸡场使用,采用分批入孵、分批出雏方式(图1-13)。

a.箱式孵化机

b.巷道式孵化机

图1-13　孵化机外型

(2)其他设备　孵化场要配套发电机、供热和降温设备、水处理设备、冲洗消毒设备、运输设备、码盘和移蛋设备、免疫接种设备、照蛋设备、雏鸡分级工作台等。

18 养鸡场的其他设备有哪些?

(1)断喙器　有脚踏式、手提式和自动式断喙器等几种。

(2)称重器具　有弹簧秤、杆秤、电子秤等。

(3)免疫治疗器具　点眼法、滴鼻法使用器具是胶头滴管,翼下刺种使用刺种针,皮下或肌肉注射免疫时常用连续性注射器,饮水法主要借助饮水器投入疫苗免疫,气雾法免疫常用气雾发生器。

(4)人工授精器具　人工授精设备有显微镜、保温杯、小试管、胶塞、采精杯、刻度试管、水温计、试管架、玻璃吸管、一次性输精瓶(一次性输精管)、药棉、纱布、毛巾、胶用手套、生理盐水等(图 1-14)。

a.电动断喙器

b.电子秤

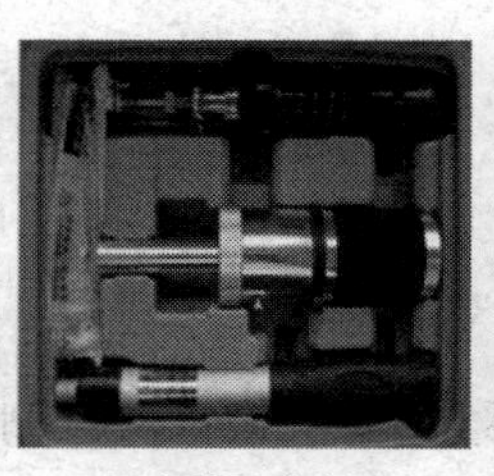

c.连续性注射器

d.一次性输精管

图 1-14　其他设备

(5)消毒设备　喷雾器有背负式手动喷雾器、机动喷雾器和手扶式喷雾车等几种。鸡舍固定管道喷雾消毒设备可用于鸡舍内的喷雾消毒和降低粉尘,一栋长100m、宽 12m 的鸡舍消毒 1 次仅需 1.5 分钟(图 1-15)。

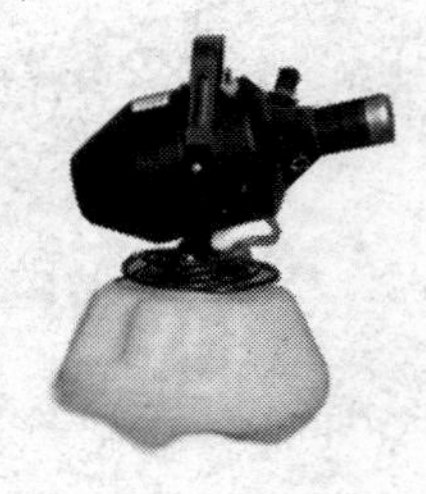

a.机动喷雾器

b.鸡舍固定管道喷雾消毒设备

图 1-15　消毒设备

 鸡粪如何进行无害化处理？

(1)作肥料　鸡粪含氮、磷、钾分别为1.63%、1.54%、0.085%，是优质的有机肥料。

①高温堆肥法。将鸡粪和作物秸秆、垃圾、肥土等混合堆积，用塑料布或泥封平，进行自然发酵，经10～15天的高温消毒，基本可杀灭虫卵和病原微生物，即可达到无害化标准。

②微生物发酵法。利用微生态制剂分解粪便中的臭素，10天后粪便无臭味，改善饲养环境，减少苍蝇滋生，效果很好。

③工厂化发酵法。通过生物技术，利用有氧发酵产生的高温杀灭有害的病原微生物、虫卵等，促进鸡粪的有氧发酵，将鸡粪转化为无害化、商品化的有机肥料，发达国家普遍采用此法处理鸡粪。

(2)作饲料　由于鸡的消化道短，饲料在消化道内停留的时间较短，所以鸡粪中含有大量的营养成分，但鸡粪作饲料存在着一定安全性问题，主要是高剂量重金属、抗生素、抗寄生虫药物的残留，并含有病原微生物与寄生虫、虫卵等。

①直接利用。用健康鸡群的新鲜粪便直接饲喂家畜，但要做好防疫卫生工作，避免疾病的发生和传播。喂猪时，每日饲料粮中按15%的比例，将新鲜纯鸡粪直接加入，平均1头猪约可消耗810只成年鸡的粪便。喂鱼时，直接加入鱼塘饲喂。

②青贮。青贮是将新鲜鸡粪与其他饲草、糠麸、玉米粉等混合装入塑料袋，在密闭条件下进行青贮，经20～40天即可使用。

③干燥处理。人工干燥效率高，较好地保存了粪中养分，杀菌灭虫彻底，适合规模生产。

④膨化制粒。据国内外实践证明，鸡粪晒干膨化后饲喂效果是：羊＞牛＞鱼＞猪＞兔＞鸡。

⑤生物处理。用鸡粪培养蝇蛆和蚯蚓，再将蝇、蚯蚓加工成粉或浆，饲喂家畜(图1-16)。

(3)作能源　在鸡场内建沼气池，将鸡粪送于池内生产沼气。沼气作燃料或用于发电，沼渣是很好的有机肥料，沼液用作池塘水产养殖料，沼渣、沼液脱水后可代替一部分鱼、猪、牛饲料。

a.鸡粪烘干机

b.生产蚯蚓

图 1-16　鸡粪无害化处理

20 死鸡如何进行无害化处理？

(1)焚烧法　以煤或油为燃料，在高温焚烧炉内将死鸡烧为灰烬，最好有二次焚烧装置，以清除臭气。

(2)深埋法　死鸡不能直接埋入土壤中，这样会污染土壤和地下水，应埋入水泥板或砖块砌成的专用深坑。

(3)发酵法　需要建专业的发酵分解处理池，或是可供密封的池子，密封在池子里一年时间以上，尸体自然分解。

二、鸡的品种与选育

21 鸡的外貌特征如何?

鸡的外貌部位见图 2-1。

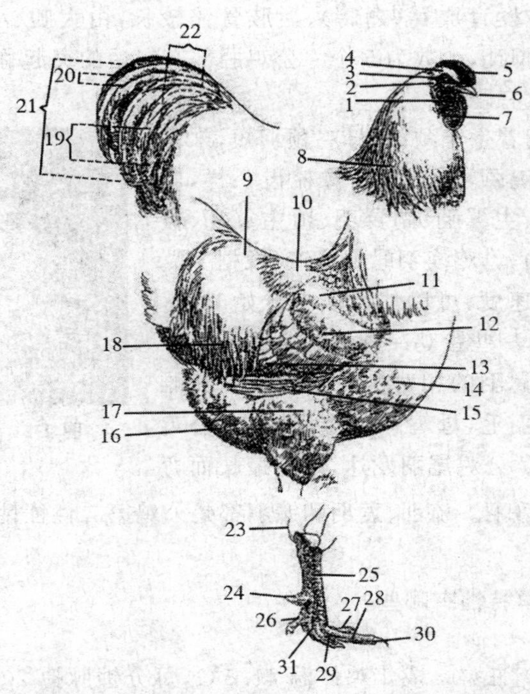

1.耳叶　2.耳　3.眼　4.头　5.冠　6.喙　7.肉垂(肉髯)　8.颈羽(梳羽)
9.鞍(腰)　10.背　11.肩　12.翼　13.副翼羽　14.胸　15.主翼羽　16.腹
17.小腿　18.鞍羽　19.小镰羽　20.大镰羽　21.主尾羽　22.覆尾羽
23.踝关节　24.距　25.跖(胫部)　26.第一趾(后趾)　27.第二趾(内趾)
28.第三趾(中趾)　29.第四趾(外趾)　30.爪　31.脚

图 2-1　鸡的外貌部位

(1)头部　头部的形态能表现出鸡的健康、生产性能和性别等情况，主要包括冠、脸、肉垂(肉髯)耳叶。健康鸡冠鲜红、肥润、柔软、光滑，喙短粗，稍微弯曲，脸色红润无皱纹，肉髯大小对称，眼大有神，反应灵敏。产蛋母鸡的冠愈红、愈丰满，产蛋能力愈高。

(2)颈部　鸡颈由13～14个颈椎组成。蛋用型鸡颈较细长，肉用型鸡颈较粗短。

(3)体躯部　鸡的体长、体宽和体深，合称体型。鸡的体躯由胸部、背部、腹部、臀部和腿部构成。胸部应宽、深发达，向前突出，胸骨长而直。鸡背应长、直、宽。腹部应柔软、饱满，容积大，以容纳发达的消化器官和生殖器官，产蛋母鸡的腹部容积常以手指来测量，胸骨末端到耻骨末端之间的距离以及两耻骨末端之间的距离愈大，表示产蛋能力越好。臀部应宽阔丰满。

(4)四肢　前肢发育成翼(翅膀)，后肢骨骼较长，由大腿、小腿(胫)、趾、爪组成。鸡一般有4个脚趾，少数为5个。公鸡胫部有向后的突起称距，其长短可鉴别公鸡的年龄，母鸡没有距。

(5)羽毛　颈羽着生于颈部，母鸡颈羽短，末端钝圆，缺乏光泽，公鸡颈羽长而尖，像梳齿一样，叫梳羽。翼羽由轴羽、主翼羽、副翼羽、覆主翼羽、覆副翼羽组成(图2-2)，母鸡换羽时要停产，根据主翼羽脱落早迟和更换速度，可以估计换羽开始时间，用以鉴定产蛋能力，一些蛋鸡品种的初生雏还可以根据主翼羽和覆主翼羽的相对生长速度来判断雌雄。鞍羽是鸡腰部羽毛，母鸡鞍羽短而圆钝，公鸡鞍羽长而尖(蓑羽)。公鸡尾羽发达，尾部最长而弯曲的覆尾羽称为大镰羽。梳羽、蓑羽和镰羽都是公鸡第二性征性状。

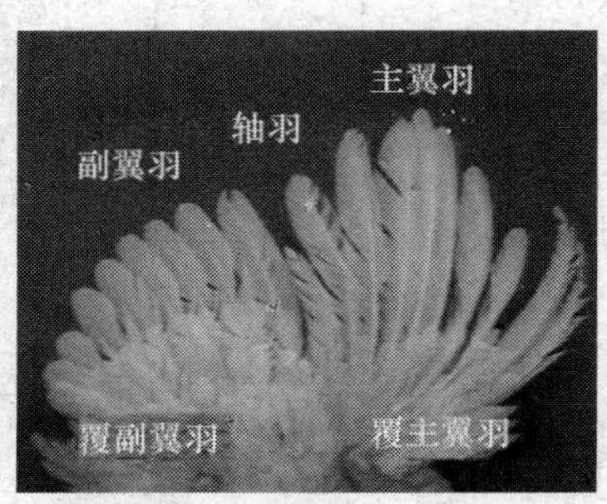

图2-2　鸡的翼羽组成

22　鸡的生物学特性有哪些？

(1)体温高、代谢旺盛　成年鸡体温41.5℃，每分钟脉搏200～350次，呼吸频率每分钟在22～110次，因此鸡的基础代谢高于其他动物，生长发育迅速、成熟早、生产周期短。

(2)繁殖潜力大　一般土鸡年产蛋80～130枚，高产蛋鸡年产蛋达300枚以上，如果孵化成雏鸡，一年可得200多个后代。公鸡每天正常交配10次左右，精力旺盛公鸡可交配40次以上。

(3)消化道短,饲料消耗快　鸡口腔无咀嚼作用,大肠较短,食物通过快,消耗吸收不完全,且鸡仅有盲肠可以消化少量纤维素,必须采食含有丰富营养物质的饲料。

(4)对环境变化敏感　鸡的视觉很灵敏,听觉不如哺乳动物,对陌生人、光照、异常颜色、噪声等均可引起"惊群"。光照时间、环境温度、湿度和通风等都对鸡的健康和产蛋产生影响。

(5)抗病能力差　鸡的肺脏与胸腹气囊相连,这些气囊充斥于鸡体内各个部位。鸡没有淋巴结,缺少阻止病原体在机体内通行的关卡,所以鸡的传染病由呼吸道传播的多,且传播速度快。

23 鸡的生活习性有哪些?

(1)喜暖性　鸡喜欢干燥温暖的环境,不喜欢炎热潮湿的环境。

(2)合群性　鸡合群性很强,不喜欢单独行动,这是土鸡抗拒外来敌人侵袭的生物学特性。

(3)登高性　鸡喜欢登高栖息,特别是黑暗时鸡完全停止活动,习惯上栖架休息。

(4)应激性　鸡胆小怕惊,任何外界刺激都会引起惊吓、逃跑、惊群等应激反应。

(5)认巢性　鸡认巢能力很强,能自动回到原处栖息,同时拒绝新鸡进入。

(6)就巢性　也称抱性,地方鸡种多数都有抱性,蛋鸡品种无抱性,少部分肉种鸡有抱性。

(7)嗜红性　鸡喜欢啄颜色鲜艳的东西,特别是红色,当一只鸡出现外伤流血,就会诱使其他鸡群啄癖。

(8)杂食性　鸡能采食青草、草籽、树叶、青菜、昆虫、蚯蚓、蝇蛆、蚂蚁、沙粒等。

(9)恶癖　高密度养鸡容易造成啄肛、啄羽的恶癖。

24 鸡的品种怎样分类?

(1)按鸡的经济用途分类　分为蛋用型、肉用型、兼用型和观赏型四种类型。蛋用型以产蛋多、蛋品质好为主要特征,依所产蛋的蛋壳颜色,又分为白壳蛋鸡系、粉壳蛋鸡系、褐壳蛋鸡系和绿壳蛋鸡系;肉用型以产肉多、生长快、肉质好为主要特征,依生产速度和肉质又分为快大型肉鸡和优质型肉鸡;兼用型鸡的生产性能和体型外貌介于肉用型和蛋用型之间，具有二者的优点，我国地方品种鸡大多属于这一类型；观赏型属专供人们观赏或娱乐的鸡种，如斗鸡、翻毛鸡等。

(2)按鸡的形成过程分类　分为地方品种、标准品种和现代品种。地方品种是在某一地区经过长期选育而成的品种，生活力强，耐粗饲，但生产性能较低，我国列入《中国家禽品种志》的鸡地方品种有 27 个。标准品种是 20 世纪 50 年代前经过人们有目的、有计划地系统选育，列入《美国家禽志》和《大不列颠家禽标准品种志》的家禽品种，鸡的标准品种有近 200 个，我国列为标准品种的鸡有狼山鸡、九斤鸡、丝毛鸡。现代品种是采用经配合力测定的品系或品种间的杂交商用配套系，按其经济性能可分为蛋用型配套系和肉用型配套系。

我国有哪些地方鸡品种？

(1)肉用型

桃源鸡。原产于湖南桃源，体型高大，呈长方形。单冠、青脚、羽色金黄或黄麻、羽毛蓬松。腿高，胫长而粗，喙、胫呈青灰色，皮肤白色。成年公鸡体重 3 342 g，母鸡 2 940 g(图 2-3)。

惠阳胡须鸡。原产于广东东江。体型中等，胸较宽深，胸肌丰满，体躯呈葫芦瓜形。单冠，黄羽、黄喙、黄脚、黄胡须。尾羽不发达。成年体重公鸡 2 286 g，母鸡 1 600 g(图 2-4)。

图 2-3　桃源鸡

图 2-4　惠阳胡须鸡

清远麻鸡。原产于广东清远，公鸡体质结实灵活，结构匀称，母鸡呈楔形，前躯紧凑，后躯圆大。单冠，肉垂、耳叶鲜红，喙黄。公鸡头颈、背部的羽金黄色，胸羽、腹羽、尾羽及主翼羽黑色，肩羽、蓑羽枣红色。母鸡麻黄、麻棕、麻褐三种羽色，胫呈黄色。平均公鸡体重 2 180 g，母鸡 1 750 g(图 2-5)。

浦东鸡。原产于上海浦东，体躯硕大宽阔，羽以黄色、麻褐色者居多。单冠，肉垂、耳叶和脸均为红色，胫黄色，多数无胫羽。成年公鸡体重 4 000 g，母鸡 3 000 g，年产蛋量 100～130 枚，蛋重 58 g，蛋壳褐色(图 2-6)。

图 2-5　清远麻鸡

图 2-6　浦东鸡

(2)蛋用型

仙居鸡。原产于浙江仙居,体型紧凑,腿高,颈长,尾翘,羽色以黄色为主,喙、胫、皮肤黄色。成年公鸡体重 1 440 g,母鸡 1 250 g。年产蛋 180～200 枚,蛋重 42 g,蛋壳浅褐色(图 2-7)。

东乡绿壳蛋鸡。原产于江西东乡。羽毛黑色,喙、冠、皮、肉、骨、趾均为乌黑色。母鸡单冠,头清秀。公鸡单冠,呈暗紫色,肉垂深而薄,体形呈菱形。成年公鸡体重 1 655 g,母鸡 1 307 g,年产蛋 160～170 枚,蛋重 50 g,蛋壳呈浅绿(图 2-8)。

图 2-7　仙居鸡

图 2-8　东乡绿壳蛋鸡

(3)兼用型

北京油鸡。原产于北京北郊,体型中等,有赤褐羽和黄羽两种,单冠,冠呈“S”形,胫略短,呈黄色,脚爪有羽毛,称为“凤头、毛腿、胡子嘴”。成年公鸡体重 2 049 g,母鸡 1 730 g,年产蛋量 120 枚,蛋重 56 g,蛋壳褐色(图 2-9)。

寿光鸡。原产于山东寿光,体型有大、中两个类型。单冠,冠、肉髯、耳和脸均为红色,喙、跖、趾黑色,皮肤白色,全身羽毛黑色。成年公鸡体重 3 242 g,母鸡 2 820 g,年产蛋量 150 枚,蛋重 60～70 g,蛋壳褐色(图 2-10)。

图 2-9　北京油鸡

图 2-10　寿光鸡

狼山鸡。原产于江苏如东，体型高大，单冠红色，背部似“U”形，体高腿长，腿上外侧多有羽毛。黑羽居多，喙、腿黑色，白肤。成年公鸡体重 2 840 g，母鸡 2 283 g，年产蛋量 135～175 枚，蛋重 58.7 g，蛋壳褐色（图 2-11）。

固始鸡。原产于河南固始，体躯中等，单冠，喙短呈青黄色。公鸡毛呈金黄色，母鸡以黄色、麻黄色为多。皮肤暗白色。成年公鸡体重 2 470 g，母鸡 1 780 g，年产蛋量 151 枚，蛋重 50.5 g，蛋壳深褐色（图 2-12）。

图 2-11　狼山鸡

图 2-12　固始鸡

彭县黄鸡。原产于四川彭州，体型中等，喙白色，单冠，冠红色。胫、皮肤多呈白色，极少数有胫羽。公鸡除主翼羽和主尾羽呈黑绿色外，全身羽毛呈黄红色，俗称“大红公鸡”。母鸡羽毛有深黄、浅黄和麻黄三种，年产蛋量 140～150 枚，蛋重 53 g（图 2-13）。

旧院黑鸡。原产于四川万源，体形呈长方形，皮肤有白色和乌黑色两种，冠分单冠与豆冠两种，冠髯红色或紫色，喙、胫黑色。母鸡羽毛黑色，公鸡羽毛多为黑红色，带翠绿色光泽。成年公鸡体重 2 620 g，母鸡 1 760 g，年产蛋量 150 枚，蛋重 54 g，蛋壳浅褐色，有 5%为绿壳蛋（图 2-14）。

图 2-13　彭县黄鸡

图 2-14　旧院黑鸡

峨眉黑鸡。原产于四川峨眉山，体型较大，体态浑圆，全身羽毛黑色，有墨绿色光泽。喙黑色，单冠居多，极少数有胡须。肉髯红色或紫色。皮肤为白色，胫呈黑色。年产蛋量 120 枚，蛋重 54 g（图 2-15）。

四川山地乌骨鸡。原产于四川兴文，具有乌皮、乌肉、乌骨的特点。黑羽鸡较多，麻黄鸡次之，白羽鸡甚少。成年公鸡体重 2 700 g，母鸡 2 200 g，年产蛋100～120 枚，蛋重 58 g，蛋壳呈浅褐色(图 2-16)。

图 2-15　峨眉黑鸡

图 2-16　四川山地乌骨鸡

26　鸡的标准品种主要有哪些？

白来航鸡。蛋用型，原产意大利，为世界上最优秀的白壳蛋鸡品种。体小清秀、羽毛紧密、洁白，单冠，冠大鲜红，喙、胫、肤黄色，耳叶白色，公鸡成年体重 2 500 g，母鸡 1 750 g，140 日龄开产，72 周龄产蛋量 220～300 枚，蛋重 56 g(图 2-17)。

洛岛红鸡。兼用型，原产美国，有单冠和玫瑰冠两个变种。体躯长方形，耳叶红色、椭圆形，喙、胫、趾、皮肤黄色，主翼羽、尾羽大部分黑色，全身羽毛红棕色。公鸡体重 3 500～3 750 g，母鸡 2 250～2 750 g，年产蛋 160～170 枚，蛋重 60 g，蛋壳褐色，有就巢性(图 2-18)。

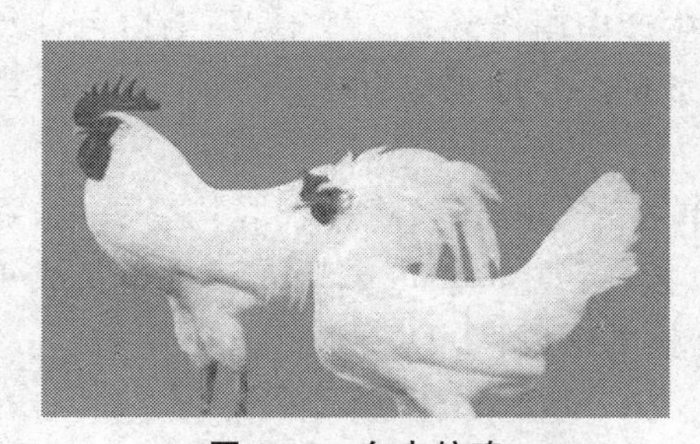

图 2-17　白来航鸡

图 2-18　洛岛红鸡

新汉夏鸡。兼用型，原产美国，体型外貌与洛岛红鸡相似，但羽毛颜色略浅，背部较短，且只有单冠。年产蛋量 180～200 枚，蛋壳褐色，蛋重 56～60 g(图 2-19)。

浅花苏赛斯鸡。兼用型，原产英国，体躯长深宽，胫短、尾部高翘。单冠、肉垂、耳叶均为红色，喙、胫、趾黄色，皮肤白色。成年公鸡体重 4 000 g，母鸡 3 000 g，年产蛋量 150 枚，蛋重 56 g，蛋壳浅褐色(图 2-20)。

图 2-19 新汉夏鸡

图 2-20 浅花苏赛斯鸡

横斑洛克鸡。兼用型,原产于美国,体形椭圆,全身羽毛为黑白相间的横斑纹,单冠,耳叶红色,喙、胫、皮肤黄色。公鸡体重 4 000 g,母鸡 3 000 g,年产蛋 180 枚,经选育可达 250 枚,蛋重 56 g,蛋壳褐色(图 2-21)。

白洛克鸡。兼用型,原产于美国,全身白羽,单冠,喙、胫、皮肤皆黄色,为现代杂交肉鸡的专用母系。年产蛋量 150～160 枚,蛋重 60 g,蛋壳浅褐色。成年公鸡体重 4 000～4 500 g,母鸡 3 000～3 600 g(图 2-22)。

图 2-21 横斑洛克鸡

图 2-22 白洛克鸡

白科尼什鸡。原产于英国,在现代肉鸡生产中用作父系。豆冠,羽毛白色,喙、胫、皮肤均为黄色。成年公鸡体重 4 500～5 000 g,母鸡 3 500～4 000 g,年产蛋 100～200 枚,蛋重 54～57 g(图 2-23)。

澳洲黑鸡。兼用型,原产于澳大利亚,单冠,全身羽毛、喙、眼、胫均呈黑色,耳叶红色,皮肤白色,脚底为白色。年产蛋 160 枚,蛋重 60～65 g,蛋壳浅褐色。成年公鸡体重 3 750 g,母鸡 2 500～3 000 g,略有就巢性(图 2-24)。

图 2-23 白科尼什鸡

图 2-24 澳洲黑鸡

狼山鸡。兼用型，原产于中国，近年来育成的高产品系产蛋量较高，年产蛋160～170枚，最高达282枚，蛋重57～60 g，蛋壳褐色。成年公鸡体重3 500～4 000 g，母鸡2 500～3 000 g(图2-25)。

丝羽鸡。兼用型，原产于中国，体型小，白羽，呈丝状，有“十全”特征：紫冠、缨头、绿耳、胡子、五爪、毛脚、丝毛、乌骨、乌皮、乌肉。眼、跖、趾、内脏和脂肪呈乌黑色。成年公鸡体重1 000～1 250 g，母鸡750 g，年产蛋80枚，蛋重40～45 g(图2-26)。

图2-25　狼山鸡

图2-26　丝羽鸡

27 现代蛋鸡主要有哪些品种？

(1)白壳蛋鸡系

京白904。北京市种禽公司育成，20周龄体重1 490 g，72周龄产蛋数288.5枚，蛋重59.01 g，总蛋重17.02 kg，料蛋比2.33∶1，产蛋期存活率88.6%。

京白938。北京市种禽公司育成，20周龄体重1 190 g，72周饲养日产蛋303枚，平均蛋重59.4 g，总蛋重18 kg，产蛋期存活率90%～93%。

滨白584。我国东北农业大学育成，72周龄饲养日产蛋量281.1枚，平均蛋重59.86 g，总蛋重16.83 kg，料蛋比2.53∶1，产蛋期存活率91.1%。

星杂288。加拿大雪佛公司育成，20周龄体重1250～1 350 g，产蛋期存活率91%～94%，75周龄产蛋量300枚。

海赛克斯白。荷兰优利布里德公司育成，72周龄产蛋量274.1枚，平均蛋重60.4 g，产蛋期存活率92.5%。

巴布可克B-300。美国巴布可克公司育成，72周龄入舍鸡产蛋量275枚，平均蛋重61 g，总蛋重16.79 kg，产蛋期存活率90%～94%。

罗曼白。德国罗曼公司育成，20周龄体重1 300～1 350 g，72周龄产蛋量290～300枚，平均蛋重62～63 g，总蛋重18～19 kg，料蛋比(2.3～2.4)∶1，产蛋期存活率 94%～96%。

图 2-27　海兰白蛋鸡

海兰 W-36。美国海兰国际公司育成，18 周龄平均体重 1 280 g，80 周龄入舍鸡产蛋量 294～315 枚，平均蛋重 56.7 g，产蛋期存活率 90%～94%(图 2-27)。

(2)粉壳蛋鸡系

京粉 1 号。北京市华都峪口禽业有限责任公司育成，90%以上产蛋率维持 9 个月以上，育雏、育成成活率 97%以上，产蛋鸡成活率 97%以上，高峰期料蛋比(2.0～2.1)∶1。

京白 939。北京市种禽公司育成，20 周龄体重 1 510 g，72 周龄饲养日产蛋量 302 枚，平均蛋重 62 g，总蛋重 18.7 kg，产蛋期存活率 92%。

星杂 444。加拿大雪佛公司育成，72 周龄产蛋量 265～280 枚，平均蛋重 61～63 g，料蛋比(2.45～2.7)∶1。

海兰灰。美国海兰国际公司育成，74 周龄饲养日产蛋数 310 枚，平均蛋重 60.1 g，蛋壳粉红(图 2-28)。

农大矮小鸡。中国农业大学育成，农大粉商品鸡 120 日龄平均体重 1 200 g，入舍母鸡平均产蛋 278 枚，蛋重 55～58 g，总蛋重 15.6～16.7 kg，料蛋比(2.0～2.1)∶1，产蛋期成活率 96%(图 2-29)。

图 2-28　海兰灰商品代母鸡

图 2-29　农大 3 号节粮小型蛋鸡

(3)褐壳蛋鸡系

京红 1 号。北京市华都峪口禽业有限责任公司育成，90%以上产蛋率维持 8 个月以上，育雏、育成成活率 98%以上，产蛋鸡成活率 97%以上，高峰期料蛋比(2.0～2.1)∶1(图 2-30)。

海兰褐。美国海兰国际公司育成，20 周龄体重 1 540 g，18～80 周龄饲养日产蛋量 299～318 枚，平均蛋重 60.4 g，产蛋期存活率 91%～95%(图 2-31)。

图 2-30 京红 1 号商品代母鸡

图 2-31 海兰褐商品代母鸡

伊莎褐。法国伊莎公司育成，76 周龄入舍鸡产蛋量 292 枚，平均蛋重 62.5 g，总蛋重 18.2 kg，产蛋期料蛋比(2.4～2.5)∶1，产蛋期存活率 92.35%。

海赛克斯褐。荷兰优利布里德公司育成，20 周龄体重 1 630 g，78 周龄产蛋量 302 枚，平均蛋重 63.6 g，总蛋重 19.2 kg，产蛋期存活率 95%。

罗曼褐。德国罗曼公司育成，20 周龄体重 1 500～1 600 g，72 周龄入舍鸡产蛋量 285～295 枚，平均蛋重 63.5～64.5 g，总蛋重 18.2～18.8 kg，料蛋比(2.3～2.4)∶1，产蛋期母鸡存活率 94%～96%。

28 现代肉鸡主要有哪些品种？

(1)快大型肉鸡品种

爱拔益加肉鸡(AA)。美国安伟捷育种公司育成，我国已有十多个祖代和父母代种鸡场，商品代公母混养 49 日龄体重 2 940 g，成活率 95.8%，料肉比 1.90∶1(图 2-32)。

艾维茵肉鸡。美国艾维茵国际有限公司育成，我国从 1987 年开始引进，商品代公母混养 49 日龄体重 2 620 g，料肉比 1.89∶1，成活率 97%以上。

宝星肉鸡。加拿大雪佛公司育成，商品代 8 周龄平均体重为 2 170 g，料肉比为 2.04∶1。

红布罗(红宝肉鸡)。加拿大雪佛公司育成，商品代 50 日龄体重为 1 730 g，料肉比 1.94∶1，外貌具有“三黄”特征。

图 2-32 AA 肉鸡

狄高黄肉鸡。澳大利亚狄高公司育成，商品代 42 日龄体重为 1 840～1 880 g，料肉比 1.87∶1。

罗斯 308 肉鸡。美国安伟捷公司育成，商品代公母混养，42 天平均体重为

2 400 g,料肉比 1.72∶1。

罗曼肉鸡。德国罗曼公司育成,7 周龄商品代平均体重 2 000 g,料肉比 2.05∶1。

海佩科肉鸡(喜必可肉鸡)。荷兰海佩科家禽育种公司育成,商品代肉鸡 56 日龄平均体重 1 960 g,料肉比为 2.07∶1。

(2)培育肉鸡品种

宫廷黄鸡。用北京油鸡和矮洛克母本杂交培育而成,凤冠,胡须,腿毛,俗称“三毛”。商品肉鸡 70 日龄平均体重 1 340 g,饲料转化率 2.7∶1(图 2-33)。

康达尔黄鸡。经国家家禽品种审定委员会审定通过的我国第一个黄鸡品种,具有胫黄、皮肤黄、羽毛黄的“三黄”特征。优质型 16 周龄母鸡体重 1 860 g,料肉比 3.4∶1,快大型 12 周龄母鸡 1 790 g,料肉比 3.0∶1(图 2-34)。

图 2-33 宫廷黄鸡

图 2-34 康达尔黄鸡

京星黄鸡。中国农业科学院畜牧研究所培育,父母代母鸡含有伴性矮小基因 dw 基因,繁殖性能高,节省饲养空间和饲料 10%～15%,是著名的节粮型种鸡(图 2-35)。

岭南黄鸡。广东省农业科学研究院畜牧研究所与广东智威农业科技股份有限公司合作培育,有中速型、快大型和优质型,并利用了自别雌雄和矮小型基因,具有“三黄”特征(图 2-36)。

图 2-35 京星黄鸡

图 2-36 岭南黄鸡

苏禽黄鸡。江苏省家禽科学研究所培育,有快大型、优质型、青脚型 3 个配套系,商品代 42 天体重 1 650 g,饲料转化比 1.85∶1(图 2-37)。

大恒优质肉鸡。四川大恒家禽育种有限公司培育，青脚、白皮、麻羽，公鸡红羽，冠高且大，母鸡麻羽。商品代 60 日龄公鸡体重 2 000 g，母鸡 1 600 g(图 2-38)。

图 2-37　苏禽黄鸡

图 2-38　大恒优质肉鸡

29　鸡的自然交配有何特点？

鸡自然交配是平养种鸡的配种方法。适宜的公母比例是：轻型鸡 1∶(12～15)，中型鸡 1∶(10～12)，重型鸡 1∶(8～10)。一只公鸡 1 天中可交配 15～100 次，配种次数越多，每次射出的精液量和精子数就会越来越少，一般每次不会低于 1 亿。若母鸡输卵管内没有蛋，精子只需 30 分钟到达漏斗部，最后只有一个精子与卵细胞结合而形成合子(即受精卵)。母鸡在接受公鸡交配后产出受精蛋，3 天后到达最高受精率。

30　鸡的人工授精怎样操作？

人工授精就是人工采取公鸡的精液，同时再人工输入母鸡体内，完成种蛋的受精过程，笼养种鸡采用此法配种。人工授精器具有：集精杯、贮精器(小玻璃试管)、输精器(带橡皮吸头的普通滴管或微量吸管、卡介苗注射器)、保温杯、恒温干燥箱、显微镜、毛剪、75％酒精、生理盐水、药棉等。

(1)采精　以按摩法采精，先将公鸡肛门周围的羽毛剪去，用酒精棉擦洗泄殖腔周围，助手将公鸡挟于左腋下，两手握住鸡的两腿，鸡头向后，保持身体水平，泄殖腔朝向采精人。采精时，采精者用左手从公鸡的背鞍部向尾羽方向抚摩数次，刺激公鸡尾羽翘起。此时，持采精杯的右手大拇指与食指在鸡腹部同步按摩。数十秒后，公鸡尾部向上翘起，肛门也向外翻时，左手迅速转向尾下方，用拇指和食指跨捏在耻骨间肛门两侧挤压。当公鸡的肛门明显外翻，并有射精动作和乳白色精液排出时，右手离开鸡体，将夹持的采精杯口朝上贴住向外翻的肛门，接收外流的精液。采精时间要相对固定，隔天采精1次的公鸡射精量最高。

(2)输精　两人合作，一人用左手从笼中抓着母鸡双腿，拖至笼门口，右手拇指与其余手指跨在泄殖腔柔软部分上，用巧力压向腹部，同时握两腿的左手，一面向后微拉，一面用手指和食指在胸骨处向上稍加压力，泄殖腔立即翻出阴道口。此时，另一人将吸有精液的输精管插入阴道内1～2 cm，随即用拇指与食指轻压输精管上的胶塞，注入精液，这时握鸡人将压迫腹部的手放松，以免精液外流。每次输原精液0.025 mL，或稀释精液0.05 mL，含精子不少于1亿。通常5～7天输精1次，输精时间以下午(16～17时)鸡群产蛋基本结束后效果好。注意母鸡的阴道口在泄殖腔左上方(图2-39)。

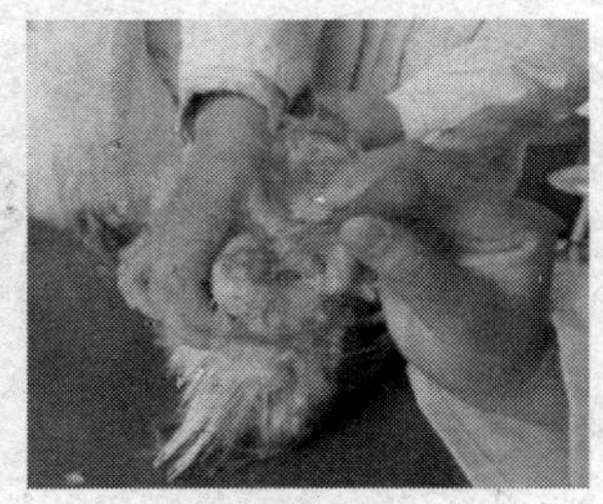

图2-39　输精操作

31 怎样评定精液品质？

(1)肉眼检查　精液颜色为乳白色，浓稠如牛奶，若混有血、粪尿等，或呈透明，都不是正常的精液，不能用于输精。气味略带有腥味，采精量为0.2～1.2 mL，pH在7.1～7.6。

(2)镜检观察

活力。取新鲜精液1滴，用平板压片法在37℃、200～400倍显微镜观察，评定活力的等级，根据直线前进运动的精子数(有受精能力)所在比例评为0.1～1级，在实践中最好的为0.9级。转圈运动或原地摆动的精子，都没有受精能力。

密度。采用精子密度估算法。“密”——整个视野布满精子，精子呈漩涡翻滚状态，精子之间几乎无空隙，鸡每毫升精液有精子40亿以上；“中”——精子之间有1～2个精子的空隙，鸡每毫升精液有精子在20亿～40亿；“稀”——稀疏，鸡每毫升精液的精子在20亿以下。

畸形率检查。取1滴原精液在载玻片上，抹片自然阴干，干后用95%酒精固定1～2分钟，水洗，再用0.5%龙胆紫(或红、蓝墨水)染色3分钟，水洗阴干，400～600倍镜检。正常精子可分为头、颈、尾三部分。畸形精子有以下几种：尾部盘绕、断尾、无尾、盘绕头、钩状头、小头、破裂头、钝头、膨胀头、气球头、丝状中段等(图2-40)。

a.正常精子

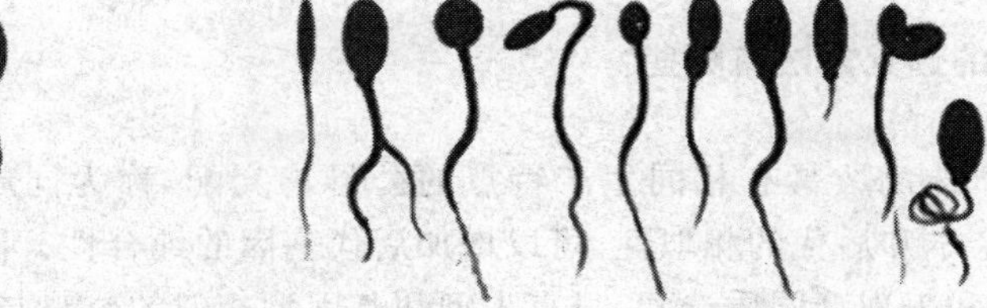

b.畸形精子

图 2-40 精子结构

32 鸡的选种方法有哪些？

(1)质量性状的选择 鸡的表征性状(如羽色、羽型、肤色、冠型、蛋壳颜色)、伴性性状(如矮小型和正常型、快羽与慢羽)等,均是典型的质量性状。控制质量性状的基因一般都有显性和隐性之分,分别对显性基因和隐性基因进行选择,例如选择鸡矮小型性状(含 dw 基因),只需全部淘汰显性个体(含 DW 基因)即可。

(2)数量性状的选择 鸡的多数经济性状都属于数量性状(如体重、生长速度、蛋重、产蛋量等),要按照数量性状的遗传特点进行选择。

单性状的选择。选择方法分为四种,一是个体选择,是根据鸡个体本身表型值的高低择优选择,适合于遗传力较高的性状,如体重、生长速度、蛋重、蛋壳品质、早熟性等,可以获得较好的遗传进展。二是家系选择,是根据家系的表型平均值的高低决定选留或淘汰,选中的家系全部个体都可以留种,反之,未选中者不作种用,适用于产蛋量、受精率、孵化率和生活力等遗传力低的性状。三是家系内选择,是从每个家系中选择表型值高的个体,适用于遗传力低的性状。四是合并选择,是根据性状遗传力和家系内表型相关,分别给予这两者不同的加权系数,合并为一个指数1,根据指数的高低进行选择和淘汰,选择准确性高于其他方法。

多性状的选择。在同一时期对多性状进行选择,有三种方法。一是顺序选择法,是对所要选择的性状,一个一个地依次选择,前一个性状达到目标后,再选下一个性状。采用此法选择,一定要考虑性状间的相关性,因为各性状间往往存在着不同程度的遗传相关。二是独立淘汰法,在同时选择几个性状时,对每个性状都规定一个最低表型值的标准,任何被选个体,只要其中一个性状的表型值不够标准就不能入选,此法容易将一些个别性状突出的个体淘汰掉。三是综合指数法,是将所选择的多个性状,根据它们的遗传基础和经济重要性,分别给予适当的加权,然后综合到一个指数中,根据指数的高低选留,此法具有最好的选择效果。

33 鸡的选配方法有哪些?

(1)同质选配　具有相同生产特点的公母鸡交配,称为同质选配。这样的选配,增加了亲本和后代的相似性,可以增加后代基因的纯合性。同质选配分为基因型同质选配和表现型同质选配,只有表型和基因型相似的公鸡与母鸡选配,才能较可靠地把被选育性状固定下来。

(2)异质选配　具有不同生产性能的公母鸡交配称为异质选配,可分为基因型异质选配和表现型异质选配。这种配种,可以增加后代基因的杂合比例,后代和亲本的相似性降低,生产性能也会出现变化,目前国内外的高产配套系均采用异质选配法。

(3)随机配种　不进行人为控制,让公母鸡自然随机交配,但是不代表无序配种。

34 如何选择种公鸡?

第一次选种。孵化出雏进行雌雄鉴别后,选留生殖器发育明显、活泼好动且健康状况良好的小公雏。

第二次选种。6～8周龄时,选留个体发育良好、鸡冠鲜红、龙骨发育正常的公鸡。公母选留比例1∶(8～10)。

第三次选种。17～18周龄时,选留体形、体重及外貌符合本品种要求,鸡冠、肉髯较大且颜色鲜红,羽毛生长良好,腹部柔软,按摩时尾羽高跷有性反应的公鸡。自然交配和人工授精时公母选留比例分别为1∶9和1∶(15～20)。

第四次选种。人工授精的种鸡场,主要根据精液品质和体重选留,选留公母比例可达1∶(20～30)。

35 种鸡利用年限是多久?

母鸡开产以后,第一年产蛋量最高,以后每年以15%～20%水平下降,因此饲养老母鸡是不经济的。除育种场的优秀母鸡可使用2～3年外,祖代场、父母代场的种鸡使用一个生产周期。有时由于生产需要,可对种鸡群进行人工强制换羽,利用第二个产蛋年。但种公鸡不能进行强制换羽,否则会影响受精率。

36 鸡的繁殖特征有哪些？

(1)卵生　鸡没有妊娠期，蛋形成排出体外后，当环境适宜时可重新发育成幼雏。胚胎体外发育，可以采用人工孵化的方法大量繁殖。

(2)繁殖的季节性　由于季节性气候的变化，产蛋也随之有季节性，春、秋为产蛋旺季。

(3)繁殖的周期性　鸡连续产蛋数日后会出现 1 天(或两天)间隙，连产日加间隙日就构成一个产蛋周期。

37 什么是家禽繁育体系？

家禽繁育体系是将纯系选育、配合力测定以及种鸡扩繁等环节有机结合起来形成的一套体系(图 2-41)，包括育种和制种两个部分。育种部分由品质资源场、育种场、配合力测定站组成，承担纯系培养和品系配套任务。制种部分由原种场、祖代场、父母代场和孵化厂组成，为商品鸡场提供商品杂交鸡。

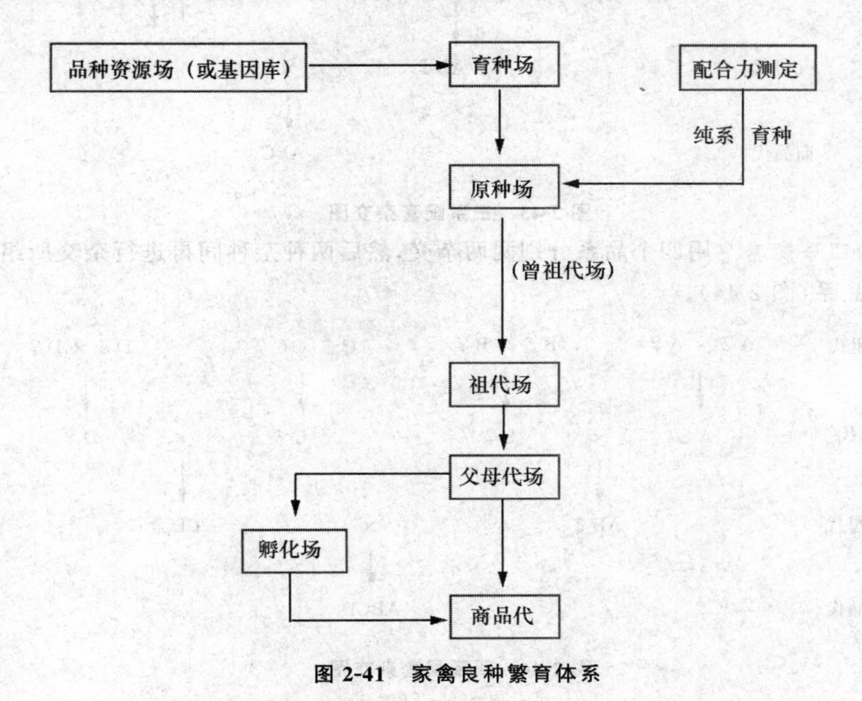

图 2-41　家禽良种繁育体系

38 鸡的品系配套模式有哪几种？

(1)两系配套　配套系由两个纯系构成，进行1次杂交所组成的配套系(图2-42)。

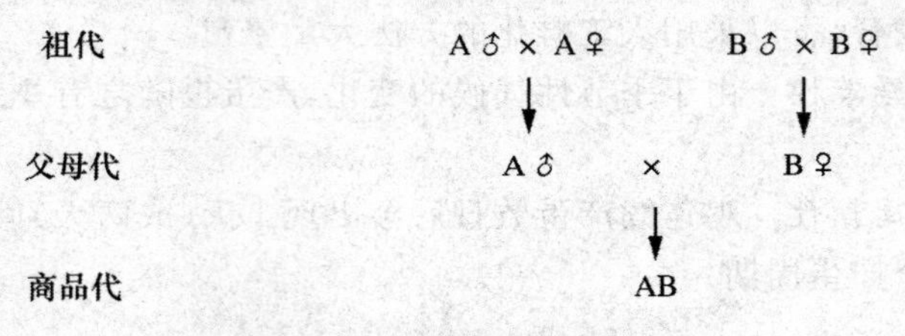

图2-42　两系配套杂交图

(2)三系配套　配套系由三个纯系构成。先用两个纯系的公、母鸡进行杂交，利用杂交子一代的母鸡再与第三个纯系的公鸡杂交所组成的配套系(图2-43)。

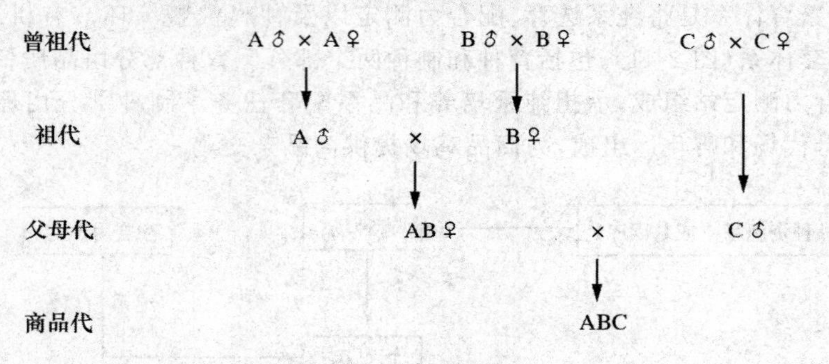

图2-43　三系配套杂交图

(3)四系配套　用四个品系分别两两杂交，然后两种杂种间再进行杂交所组成的配套品系(图2-44)。

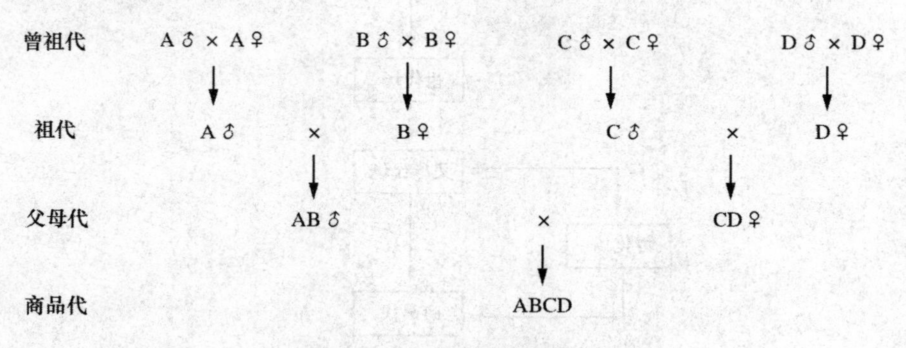

图2-44　四系配套杂交图

三、鸡的饲料与营养

39 什么是鸡的消化与吸收？

鸡将摄取的水和食物经过消化器官的生化作用，使食物发生了形态和性质的变化，这种变化称为消化。吸收就是食物中营养经过各类消化酶分解，将各种营养物质经过消化道黏膜的上皮细胞吸收进入血液或淋巴液的过程。鸡的消化系统见图 3-1。

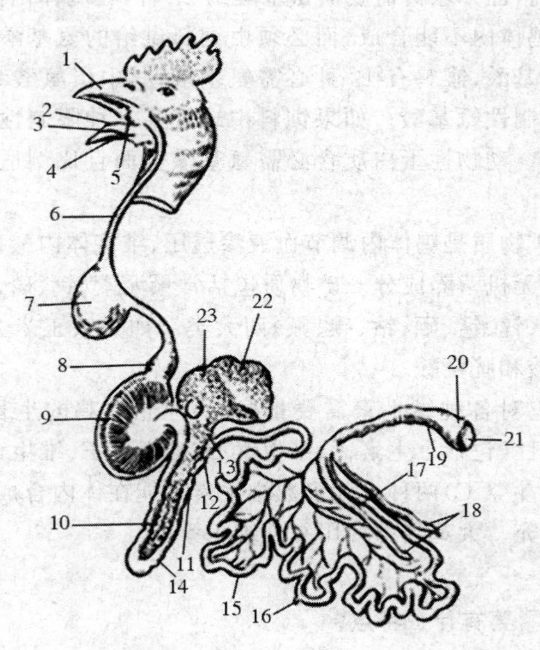

1.上喙　2.口腔　3.舌　4.下喙　5.咽　6.食管　7.嗉囊　8.腺胃　9.肌胃　10.胰腺　11.胰管　12.肝肠管　13.总胆管　14.十二指肠　15.空肠　16.卵黄柄　17.回肠　18.盲肠　19.直肠　20.泄殖腔　21.肛门　22.胆囊　23.肝脏

图 3-1　鸡的消化系统

40 鸡有哪些营养需要?

(1)水分　水是组成血液和体液的主要成分,是有机体的命脉。水与鸡体内物质与能量的代谢、维持机体电解质与渗透压平衡相关。鸡缺水比缺料的后果更严重,长时间缺水,鸡会发生脱水症状,甚至危及生命。

(2)能量　鸡的一切生命活动都与能量有关。当能量不足,鸡生长缓慢,产肉、产蛋量下降,影响健康甚至死亡。鸡的能量来源主要是碳水化合物,包括淀粉、糖、粗纤维和脂肪。每天每只鸡采食的能量相对稳定。在配合饲粮时必须首先确定适宜的能量标准,然后在此基础上确定其他营养物质的需要量。

(3)蛋白质　蛋白质是构成鸡体的重要组成成分,也是鸡蛋和鸡肉的重要组成原料。缺乏蛋白质,鸡生长缓慢,会出现各种病症,经济效益下降。鸡必须从饲料中摄取蛋白质,蛋白质经过体内同化作用重新组成鸡体的蛋白质。氨基酸是构成蛋白质的基础,目前,已知家禽需要的氨基酸约22种,在鸡体内能合成的氨基酸为非必需氨基酸,在鸡体内不能合成,而必须由饲料供给的氨基酸为必需氨基酸,成年鸡有8种必需氨基酸,雏鸡有13种必需氨基酸,其中蛋氨酸和赖氨酸是鸡营养中的第一和第二限制性氨基酸。如果饲料中缺乏某一种限制性氨基酸,其他氨基酸再多也无济于事。动物性蛋白质含必需氨基酸全面且比例适当,品质较植物性蛋白质好。

(4)矿物质　矿物质是鸡体内调节血液渗透压、维持体内酸碱平衡、构成骨骼、形成蛋壳的必需的无机营养成分。矿物质包括常量元素(钙、磷、氯、钠、钾、硫、镁)和微量元素(铁、铜、锌、锰、硒、钴、碘、氟)两大类。如只喂玉米、稻谷,容易使鸡体缺乏氯化钠、蛋氨酸和胱氨酸。

(5)维生素　鸡对各种维生素需要量极少,但它在鸡的生长发育中起重要作用。维生素有脂溶性(包括维生素A、维生素D、维生素E、维生素K)和水溶性(包括B族维生素和维生素C)两种。大多数维生素不能在体内合成或合成量很少,必须从饲料中得到补充。大鸡场都使用复合维生素。

41 雏鸡营养需要有什么特点?

雏鸡代谢旺盛,生长迅速,羽毛生长特别快,而羽毛中蛋白质含量为80%～82%。同时,雏鸡胃容积小,消化能力弱,应提供给雏鸡以动物性蛋白为主的、易消化的高蛋白全价饲料,适当控制糠麸类、菜籽粕、棉籽粕的添加比例,少喂勤添。

育成鸡的营养需要有什么特点？

育成鸡消化机能逐渐健全，采食量与日俱增，饲料中各种营养浓度应稍低，以保持育成鸡良好的体况、较大的消化道容量和较强的保钙能力。在蛋鸡生产中，为了防止育成鸡过肥而导致开产过早和产蛋早衰，往往采用限制饲养，当鸡群在18周龄时体重达到标准，马上更换成产蛋鸡料，能增加体内钙的贮备和让小母鸡在产蛋前体内贮备充足的营养和体力。

43 产蛋鸡营养需要有什么特点？

（1）能量需要　产蛋鸡对能量的需要包括维持需要和产蛋需要。鸡每天从饲料中摄取的能量首先要满足维持的需要，然后才满足产蛋的需要。产蛋鸡对能量需要的总量有2/3是用于维持需要，1/3用于产蛋，因此，饲养产蛋鸡必须在维持需要水平上下功夫，否则鸡就不产蛋或产较少的蛋。

（2）蛋白质需要　从蛋白质需要量来看，有2/3用于产蛋，1/3用于维持，可见饲料中所提供的蛋白质主要是用于形成鸡蛋，如果不足，产蛋量会下降，蛋重会减小。

（3）矿物质需要　产蛋鸡对钙的需要量特别高，当日粮中缺钙时，母鸡就会动用贮存的钙维持正常生产，当长期缺钙时，则会产软壳蛋，甚至停产。在全价饲粮中每天供给母鸡3～4g钙，即可满足产蛋鸡需要。磷需要量低，饲料中按钙磷比例为5∶1供给就可满足需要，其中有效磷应占50％左右。食盐在饲粮中的含量为0.37％。

44 放养鸡需要补充配合饲料吗？

0～30日龄雏鸡必须舍养，饲喂全价配合饲料，如果只喂小米、稻谷、玉米和青菜，则能量供应超标，维生素能够满足，蛋白质严重缺乏，矿物质不足，造成雏鸡生长缓慢，体型小，羽毛生长缓慢，成活率降低。放养后，如果只喂单一饲料，或去土里刨食，是不能满足鸡营养需要的，农户可将自产的粮食、青绿多汁饲料等混合后，自行配制成全价饲料喂鸡，能明显提高饲喂效果。放养期尽量不添加鱼粉、血粉等动物性蛋白饲料，以免影响蛋和肉品质，多利用蝇蛆、黄粉虫、蚯蚓等昆虫。

45 鸡的饲料种类有哪些?

(1)按饲料的特性分

能量饲料。指饲料干物质中粗纤维含量在18%以下、粗蛋白质含量在20%以下的饲料。主要包括谷类籽实、糠麸类、块根类和动植物油脂。

蛋白质饲料。指饲料干物质中粗纤维含量在18%以下、粗蛋白质含量在20%及20%以上的饲料。主要包括植物性蛋白饲料、动物性蛋白饲料、单细胞蛋白质饲料、非蛋白氮饲料、合成氨基酸5类。

矿物质饲料。包括常量元素矿物质饲料和微量元素矿物质饲料。前者主要有石灰石粉、贝壳粉、蛋壳粉、碳酸钙、磷酸钙类、骨粉、食盐等,后者主要以无机化合物形式存在,有硫酸亚铁、硫酸铜、硫酸锰、硫酸锌、氯化钴、碘化钾、碘化纳、亚硝酸钠等。

饲料添加剂。包括促生长剂(如抑菌促生长剂、酶制剂,活菌制剂)、驱虫保健剂(如抗球虫剂)、饲料保存剂(抗氧化剂、防霉剂)和其他添加剂(着色剂、食欲增进剂、中草药添加剂)。

(2)按饲料的类型分

全价饲料。营养完全的配合饲料,叫作全价饲料。该饲料内含有能量、蛋白质和矿物质饲料以及各种饲料添加剂等,各种营养物质种类齐全、数量充足、比例恰当,能满足动物生产需要。可直接用于饲喂,不必再补充任何饲料。

浓缩饲料。又称为蛋白质补充饲料,是由蛋白质饲料、矿物质饲料及添加剂预混料配制而成的配合饲料半成品。使用时,再掺入一定比例的能量饲料就成为满足动物营养需要的全价饲料。一般在全价配合饲料中所占的比例为20%~40%。

添加剂预混合饲料。简称预混料,指由两种(类)或者两种(类)以上营养性饲料添加剂为主,与载体或者稀释剂按照一定比例配制的饲料,包括复合预混合饲料、微量元素预混合饲料、维生素预混合饲料。预混合饲料不能直接饲喂动物。

46 鸡常用的能量饲料有哪些?

玉米。玉米是高能饲料,是我国主要的能量饲料,可利用能值高,含亚油酸较高。黄玉米中含有较多的胡萝卜素、叶黄素和玉米黄素,促进蛋黄、胫、爪等部位的着色,但赖氨酸、蛋氨酸和色氨酸含量不足,钙、磷含量很少。玉米易感染黄曲霉毒

素，保存时要注意。

糙米。稻谷脱壳为糙米，代谢能与玉米相当，蛋白质含量和氨基酸组成与玉米等谷物相当，矿物质含量少，磷的利用率稍低，B族维生素含量较高，但β-胡萝卜素极少。

碎米。碎米是加工大米筛下的碎裂，适口性好，能量、蛋白质、氨基酸与玉米相近。

稻谷。粗纤维主要集中在稻壳中，用量不宜过大。

米糠。稻谷加工的副产物，粗纤维含量高，含能量低，粗蛋白质含量高，富含B族维生素。由于米糠含油脂较多，久贮易变质。

小麦。含能量与玉米相近，粗蛋白含量居谷实类之首位，氨基酸含量比其他谷类完全，B族维生素丰富，是鸡良好的能量饲料。因小麦有黏性，影响了小麦的消化率。

小麦麸。麸皮蛋白质含量较高，富含B族维生素，但缺乏 B_{12}，含纤维较多，能值较低，钙、磷比例不平衡，不宜多喂。

次粉。次粉是小麦加工面粉时的副产物，粗纤维和粗灰分含量均低于麦麸，赖氨酸含量比麦麸高，代谢能值远高于麦麸，蛋白质含量较高。

高粱。含有毒物质单宁，味道发涩，适口性差，饲喂过量会引起便秘。

油脂饲料。含能量高，发热量高于碳水化合物或蛋白质，可分为动物油和植物油。

块根、块茎类饲料。脱水风干后淀粉含量高，适口性好，蛋白质、维生素、矿物质含量低。

酒糟类饲料。经风干和适当加工可作为鸡饲料，富含B族维生素，还含有未知生长因子。

部分能量饲料营养成分见表3-1。

表3-1　部分能量饲料营养成分

饲料名称	代谢能/(MJ/kg)	粗蛋白质/%	粗脂肪/%	粗纤维/%	钙/%	磷/%
玉米	13.47	7.8	3.5	1.6	0.02	0.27
小麦	12.72	13.9	1.7	1.9	0.17	0.41
稻谷	11.00	7.8	1.6	8.2	0.03	0.36
大麦	11.21	13.0	2.1	2.0	0.04	0.39
高粱	12.30	9.0	3.4	1.4	0.13	0.36
燕麦	11.26	10.0	4.6	9.8	0.12	0.37

续表 3-1

饲料名称	代谢能/(MJ/kg)	粗蛋白质/%	粗脂肪/%	粗纤维/%	钙/%	磷/%
小麦粉	13.89	15.8	2.6	1.0	0.06	0.34
甘薯粉	12.18	2.8	0.7	2.2	0.03	0.04
木薯粉	12.10	2.6	0.6	4.2	0.30	0.12
马铃薯	2.58	1.9	0.1	0.6	0.01	0.05
米糠	11.38	15.0	17.1	7.2	0.05	0.81
麦麸	8.66	16.0	4.3	8.2	0.34	1.05

鸡常用的蛋白质饲料有哪些？

(1)植物性蛋白质饲料

豆粕(饼)。大豆因榨油方法不同，其副产物有豆饼(压榨法)和豆粕(浸提法)，是鸡最好的植物性蛋白质饲料。由于大豆中含抗胰蛋白酶和皂角素，前者影响蛋白质的消化吸收，后者是有害成分，一定要经过高温(130～150℃)熟化后再利用，生大豆喂鸡是有害的。

花生粕(饼)。营养价值稍低于豆粕，极易感染黄曲霉。

芝麻粕(饼)。与豆饼配合使用，可提高饲料的营养价值。芝麻含脂肪多而不易久贮。

菜籽拍(饼)。因含有芥子毒素，有辣味，适口性差，使用前应进行加热处理去毒。

棉粕(饼)。棉粕含有毒性的游离棉酚，作饲料用应加硫酸亚铁 0.5%，使棉酚与亚铁结合而去毒。

(2)动物性蛋白质饲料

鱼粉。鱼粉是理想的鸡蛋白质补充饲料，尤以蛋氨酸和赖氨酸丰富，其蛋白质生物学价值居动物性蛋白质饲料之首。鱼粉的价格较高，进口鱼粉颜色棕黄，含盐量少，国产鱼粉灰褐色，含盐量高，用量过大会造成食盐中毒。

蚕蛹。蛋白质含量高，氨基酸含量全面。由于蚕蛹含脂量多，贮存不好极易腐败变质发臭，多喂会影响鸡肉和蛋的味道。

血粉。血粉粗蛋白质不易被鸡消化，适口性差，不宜多喂。

羽毛粉。蛋白质含量高，含硫氨基酸含量居所有天然饲料之首，但赖氨酸、色氨酸含量不高。因加工方法不同，其生物学利用率差异较大。

蚯蚓。干体中含粗蛋白质66.5%，是鸡的理想饲料。

(3)单细胞蛋白质饲料　又称微生物蛋白质饲料，是由各种微生物体制成的饲用品，包括酵母、细菌、真菌和一些单细胞藻类。生产中常用啤酒酵母制作饲料酵母。

(4)工业合成氨基酸　主要产品有赖氨酸、蛋氨酸、蛋氨酸羟基类似物。在鸡配合饲料中添加蛋氨酸可以降低鱼粉用量或不用鱼粉，玉米-豆粕型饲粮一般就能满足鸡赖氨酸的营养需要。

部分蛋白饲料营养成分见表3-2。

表3-2　部分蛋白饲料营养成分

饲料名称	代谢能/(MJ/kg)	粗蛋白质/%	粗脂肪/%	粗纤维/%	钙/%	总磷/%
大豆粕	10.04	47.9	1.0	4.0	0.34	0.65
棉籽饼	9.04	36.3	7.4	12.5	0.21	0.83
菜籽饼	8.16	35.7	7.4	11.4	0.59	0.96
花生仁饼	11.63	44.7	7.2	5.9	0.25	0.53
鱼粉(沿海)	11.80	60.2	4.9	0.5	4.04	2.90
肉骨粉	9.96	50.0	8.5	2.8	9.20	4.70
羽毛粉	12.62	85.0	2.6	1.5	0.30	0.77
血粉	10.25	83.8	0.6	1.3	0.20	0.24
蚕蛹渣	11.13	77.6	1.7	—	4.40	0.15

48 鸡常用的矿物质饲料有哪些？

食盐。大多数植物性饲料中缺乏钠和氯元素，一般在饲粮中添加量为0.37%，若饲粮中配有咸鱼粉则不必添加食盐，以免发生食盐中毒。添加食盐可预防鸡群啄癖。

骨粉。动物骨骼经过高温、高压、脱脂、脱胶粉碎而制成的，是鸡很好的钙、磷补充饲料。

贝壳粉。是鸡最好的钙质矿物质饲料，可加工成粒状或粉状。雏鸡、育成鸡用量1%～2%，产蛋鸡4%～8%。

石粉。即石灰石粉，为天然的碳酸钙，是鸡最廉价、最简便的钙补充饲料。鸡对石粉的消化吸收能力差，最好与贝壳粉配合使用。雏鸡、育成鸡用量1%，产蛋鸡2%～6%。

磷酸氢钙。生产中使用脱氟的磷酸氢钙补充饲粮磷的不足，一般用量0.5%～2%。

蛋壳粉。由废弃的蛋壳，经清洗消毒、烘干、粉碎制成，也是较好的钙质饲料，与贝壳粉、石粉配合使用较好。

沙砾。沙砾有利于肌胃中饲料的研磨，起到“牙齿”的作用。

沸石。沸石中含有20多种矿物质元素，是一种优质价廉的矿物质饲料。

49 鸡喜食的青绿饲料有哪些？

各种蔬菜、无毒野菜（如苦荬菜、蒲公英等）、牧草（豆科的苜蓿草、草木樨、鸡眼草、禾本科的黑麦草、菊科的菊苣）和各种树叶（榆树叶、桑树叶、果树的叶），都是放养鸡维生素的主要来源。

50 鸡常用的饲料添加剂有哪些？

饲料添加剂是指在饲料生产加工、使用过程中添加的少量或微量物质，在饲料中用量很少但作用显著。可以分为营养性和非营养性两大类。

营养性添加剂是根据动物饲养标准，补充饲料原料中缺乏或不足的养分，可以提高饲料利用效率，包括氨基酸添加剂、维生素添加剂、矿物质添加剂和微量元素添加剂，添加方式采取少哪种就添加哪种，少多少就添加多少。非营养性添加剂不含有鸡所需要的营养物质，但添加后能刺激生长，改善饲料报酬，增进健康，提高生产性能，包括微生物制剂（益生素）、抗生素、酶制剂、驱虫保健剂、抗氧化剂、防霉剂、中草药添加剂、着色剂、驱虫药物、饲料品质改善剂、生物活性肽以及卵黄抗体等。

51 如何识别鱼粉的优劣？

(1)感官鉴别

看和闻。优质鱼粉可见细长肌肉束、鱼骨、鱼肉块等，自然风干的呈黄色或青白色，烘干的鱼粉为棕色，有鱼香味，手捻松软。

尝。优质鱼粉含盐量低，口尝几乎感觉不到咸味。

烧。用于鱼粉中掺尿素的简易鉴别。取鱼粉20 g，放在一块干净的铁片上，用电炉或煤炉加热，铁片温度约70℃时，如果鱼粉发出一种轻微的刺鼻氨味，即可确定为掺假鱼粉。

洗。用于鉴定鱼粉中的动、植物蛋白和沙子。在玻璃杯中放入 40 g 鱼粉，加入大半杯水，用一根筷子快速沿一个方向搅拌，停止搅拌后迅速看杯底是否有沙子。再用淘米法将鱼粉淘洗几次，至鱼粉被全部淘出后，用吸管洗出杯底的沉淀物，放在平面玻璃上细心观察，以判定掺假物的性质和含量。

(2)显微镜鉴别　优质鱼粉明显可见一束束鱼肌肉和半透明或不透明的略带光泽的鱼骨，甚至还可见表面具有同心环纹的薄而透明的鱼鳞片以及小珍珠样的鱼眼珠。

52 如何识别豆粕的生熟度？

大豆在使用前应经适当加热处理，以消除生大豆中的抗胰蛋白酶。若加热不足，抗营养因子不能得到有效破坏，致使蛋白质利用率较低，反之，若加热过度，蛋白质中的氨基酸被破坏，从而降低豆粕品质。一般通过测定尿酶活性来判断豆粕生熟度，方法如下：

(1)尿素-酚红试剂的准备　将 1.2 g 酚红溶解于 30 mL、0.2 mol/L 的氢氧化钠中，用蒸馏水将之稀释至约 300 mL；加入 90 g 尿素并溶解之，并用蒸馏水稀释至 2 L；加入 70 mL、0.2 mol/L 的硫酸，用蒸馏水稀释至最后体积 3 L，溶液为明亮琥珀色。

(2)样品的准备　粉碎通过 16 目标准筛，取大约 30g 均匀铺于平底培养皿，滴入尿素-酚红试剂将豆粕充分浸润，放置 5 分钟后立即观察。

(3)结果判断　豆粕表面出现 5%～10%红点，可认为脲酶活性较低；豆粕表面出现 20%～30%红点，脲酶活性稍高；豆粕表面出现约 40%以上红点，脲酶活性很高，豆粕夹生较多；若没有红点出现，再放置 25 分钟后仍无出现，说明豆粕过熟。

53 鸡的饲养标准是什么？

鸡的饲养标准是根据鸡的种类、性别、年龄、体重、生理状态和生产性能等条件，应用科学研究成果并结合生产实践经验所制订的每只鸡的各种养分需要量。以美国国家研究院(NRC)《家禽营养需要》最具权威性，我国蛋鸡、肉用仔鸡、优质肉鸡的饲养标准，可参照中华人民共和国行业标准——《鸡饲养标准》(NY/T 33—2004)的营养标准执行(表 3-3 至表 3-6)。

(1)我国蛋鸡饲养标准　见表 3-3、表 3-4。

表 3-3　生长蛋鸡营养需要

营养指标	生长鸡周龄		
	0～8	9～18	19 至开产
代谢能/(MJ/kg)	11.91	11.70	11.50
粗蛋白质/%	19.0	15.5	17.00
蛋白能量比/(g/MJ)	15.95	13.25	14.78
钙/%	0.90	0.80	2.00
总磷/%	0.70	0.60	0.55
有效磷/%	0.40	0.35	0.32
钠/%	0.15	0.15	0.15
氯/%	0.15	0.15	0.15
蛋氨酸/%	0.37	0.27	0.34
蛋氨酸＋胱氨酸/%	0.74	0.55	0.64
赖氨酸/%	1.00	0.68	0.70

注：摘自农业部 2004 年颁布的《鸡的饲养标准》(NY/T 33—2004)。下同。本标准根据中型体重鸡制定，轻型鸡可酌情减 10%，开产日龄按 5%产蛋率计算。

表 3-4　产蛋鸡营养需要

营养指标	产蛋阶段		
	开产—高峰期(>85%)	高峰期后(<85%)	种鸡
代谢能/(MJ/kg)	11.91	11.70	11.50
粗蛋白质/%	16.5	15.5	18.0
蛋白能量比/(g/MJ)	14.61	14.26	15.94
钙/%	3.5	3.5	3.5
总磷/%	0.60	0.60	0.6
有效磷/%	0.32	0.32	0.32
钠/%	0.15	0.15	0.15
氯/%	0.15	0.15	0.15
蛋氨酸/%	0.34	0.32	0.34
蛋氨酸＋胱氨酸/%	0.65	0.56	0.65
赖氨酸/%	0.75	0.70	0.75

(2)我国肉鸡饲养标准　详见表 3-5、表 3-6。

表 3-5　肉用仔鸡营养需要

营养指标	生长鸡周龄		
	0～3	4～6	7～
代谢能/(MJ/kg)	12.54	12.96	13.17
粗蛋白质/%	21.5	20.0	18.0
蛋白能量比/(g/MJ)	17.14	15.43	13.67
钙/%	1.00	0.9	0.8
总磷/%	0.68	0.65	0.60
有效磷/%	0.45	0.40	0.35
钠/%	0.20	0.15	0.15
氯/%	0.20	0.15	0.15
蛋氨酸/%	0.50	0.40	0.34
蛋氨酸＋胱氨酸/%	0.91	0.76	0.65
赖氨酸/%	1.15	1.00	0.87

表 3-6　黄羽肉鸡营养需要

营养指标	母 0～4 周龄 公 0～6 周龄	母 5～8 周龄 公 4～5 周龄	母＞8 周龄 公＞5 周龄
代谢能/(MJ/kg)	12.12	12.54	12.96
粗蛋白/%	21.00	19.00	16.00
蛋白能量比/(g/MJ)	17.33	15.15	12.34
赖氨酸能量比/(g/MJ)	0.87	0.78	0.85
赖氨酸/%	1.05	0.98	0.7
蛋氨酸/%	0.46	0.40	0.34
蛋氨酸＋胱氨酸/%	0.85	0.72	0.65
钙/%	0.00	0.90	0.80
总磷/%	0.68	0.65	0.60
非植酸磷/%	0.45	0.40	0.35
钠/%	0.15	0.15	0.15

54 鸡配合饲料的形状有哪几种？

粉料，是谷物磨粉后加上豆粕、鱼粉、糠麸、矿物质粉及各种添加剂等混合而成的粉状饲料，多用于蛋鸡配合饲料。

颗粒料，是以粉料为基础，经过蒸汽调质加压处理而制成的颗粒状配合饲料，多用于肉用仔鸡配合饲料。

碎粒料，是将生产好的颗粒饲料经过破碎机破碎成 2～4 mm 大小的碎粒，多用于肉用仔鸡的雏鸡配合饲料。

膨化饲料，是把混合好的粉状配合饲料加水、加温变成糊状，同时 10～20 分钟内加热 120～180℃，通过高压喷嘴挤压干燥，饲料膨胀，发泡变成饼干状，然后切成适当大小的饲料。

55 粉料和颗粒料各有什么好处？

粉料营养完善，鸡不易挑食，但适口性差，且容易飞散，造成浪费。颗粒饲料营养完善，适口性强，避免偏食，防止浪费，便于机械化喂料。鸡采食颗粒饲料的速度快，食量大，适于肉用仔鸡快速育肥。产蛋鸡一般不宜喂颗粒饲料，因为容易出现过食过肥而影响产蛋。夏季高温，鸡食欲不振时，可饲喂颗粒饲料，增加鸡采食量。

配合饲粮中各种饲料的大致比例是多少？

各种饲料在混合料中的大致比例见表 3-7、表 3-8。

表 3-7 肉鸡、蛋鸡配合饲粮时各类饲料的大致比例 %

饲料类别	肉用仔鸡配合比例	蛋鸡配合比例	
		雏鸡	育成鸡、成鸡
谷物饲料（2 种以上）	45～70	45～70	45～70
糠麸类饲料（1～3 种）	5～10	5～10	10～20
植物性蛋白质饲料（饼粕类，2 种以上）	15～30	15～30	15～25
动物性蛋白质饲料（1～2 种）	3～10	3～10	3～10
油脂（动物油或植物油）	1～5	—	—

续表 3-7

饲料类别	肉用仔鸡配合比例	蛋鸡配合比例	
		雏鸡	育成鸡、成鸡
干草粉(1～2 种)	2～3	2～3	3～8
矿物质饲料(2～4 种)	2～3	2～3	3～8
其中食盐	0.2～0.4	0.2～0.4	0.3～0.5
饲料添加剂	0.5～1.0	0.5～1.0	0.5～1.0
青饲料(无添加剂时)按精料总量加喂		15～20	25～30

表 3-8　散养鸡配合饲粮时各类饲料的大致比例　　%

饲料类别	配合比例	该类中各种饲料的适宜用量
谷物饲料	45～70	玉米 30～70,小麦 10～30,青稞 15～30,碎米 20～40,高粱不超过 15
糠麸类饲料	5～10	小麦麸 7～10,米糠 7～10
植物性蛋白质饲料	15～25	黄豆或黑大豆 15～25,豌豆 7～15,大豆饼粕 15～25,菜籽饼粕、花生仁饼粕、棉籽饼粕、胡麻饼粕等均不超过 5
矿物质饲料	5～7	骨粉或磷酸氢钙 1～2,石灰石粉或贝壳粉:生长鸡 0.5～1,产蛋鸡 7～8
干草粉(苜蓿草粉、槐叶粉等)	2～5	
维生素和矿物质添加剂	1	有青饲料时可不加
青绿多汁饲料	30～35	占精料总量的 1/3 左右

57 如何设计鸡饲料配方?

(1)计算机法　输入选择的原料和饲养标准,计算机可在多个配方中优选出符合营养需要的最低成本配方,或接近理想标准的多个配方。大型鸡场多采用此法,极大地提高了计算速度和准确性,

(2)试差法　养鸡专业户和一些小型鸡场多采用试差法,需要设计者有一定的经验。一般从典型配方入手,选择原料,调整饲养标准,然后草拟一个配方。计算后与标准相比较,多去少补,反复调整至基本达到预定的营养指标。

58 鸡的典型饲料配方有哪些?

蛋鸡、肉用仔鸡及黄羽肉鸡饲料配方见表3-9至表3-11。

表3-9 褐壳蛋鸡饲料配方(供参考) %

原料	0～6周龄	7～11周龄	12～16周龄	17～18周龄	19～45周龄	45周龄以后
玉米	54.23	54.07	58.05	58.96	58.87	61.42
麦麸	11.26	21.75	22.55	12.36	3.33	3.2
豆粕	29.19	19.25	14.01	21.00	26.38	23.38
食盐	0.35	0.35	0.35	0.35	0.37	0.37
磷酸氢钙	2.65	2.30	2.30	1.80	1.88	1.89
石粉	1.41	1.40	1.88	4.80	3.94	4.20
贝壳粉	—	—	—	—	4.49	4.79
蛋氨酸	0.15	0.09	0.05	0.11	0.12	0.13
赖氨酸	0.12	0.15	0.17	—	—	—
氯化胆碱	0.12	0.12	0.12	0.10	0.10	0.10
多维	0.02	0.02	0.02	0.02	0.02	0.02
微量元素	0.50	0.50	0.50	0.50	0.50	0.50
主要营养水平						
代谢能/(MJ/kg)	11.87	11.37	11.29	11.62	11.62	11.33
粗蛋白质	18.7	16.0	14.4	15.8	16.7	15.72
钙	1.1	1.0	1.1	2.2	3.4	3.59
有效磷	0.55	0.50	0.50	0.4	0.4	0.4
脂肪	3.95	3.80	3.87	3.71	3.67	3.58
粗纤维	3.82	4.21	4.19	3.54	3.02	2.90

表3-10 肉用仔鸡饲料配方(供参考) %

原料	肉小鸡	肉中鸡	肉大鸡
玉米	55.75	58.37	62.45
豆粕	35.17	30.00	25.31
次粉	4.00	5.00	5

续表 3-10 %

原料	肉小鸡	肉中鸡	肉大鸡
磷酸氢钙	1.75	1.50	1.25
猪油	1.20	2.80	3.75
石粉	1.00	1.30	1.25
食盐	0.28	0.35	0.32
0.5%预混料	0.5	0.5	0.5
氯化胆碱	0.1	0.08	0.06
赖氨酸(98%)	0.08	0.02	0.07
DL-蛋氨酸	0.17	0.08	0.04
营养水平			
代谢能/(MJ/kg)	12.14	12.47	12.98
粗蛋白质	20.7	18.8	17
钙	1.00	0.88	0.8
有效磷	0.45	0.61	0.35
盐	0.31	0.40	0.35
赖氨酸	1.085	0.934	0.852
蛋氨酸	0.52	0.384	0.322

表 3-11 黄羽肉鸡饲料配方(供参考) %

原料	小鸡	中鸡	大鸡
玉米	45	48	52
小麦麸	3	6.05	9.27
次粉	19.3	19	519
棉籽粕	5	5	4
花生粕	16	10	2
菜籽粕	3	3	3
玉米胚芽饼	3	3	5
磷酸氢钙	1.6	1.6	1.2
石粉	1.5	1.5	1.2
食盐	0.3	0.3	0.3
酶制剂	0.1	0.1	0.1
1%添加剂	1	1	1
赖氨酸	0.3	0.3	0.3

续表 3-11 %

原料	小鸡	中鸡	大鸡
蛋氨酸	0.2	0.15	0.13
油	0.7	1	1.5
营养水平			
代谢能/(MJ/kg)	12.19	12.44	13.03
粗蛋白质	20.85	18.88	16.15
钙	1.03	1.02	0.82
磷	0.75	0.76	0.7
蛋氨酸	0.45	0.38	0.35

59 如何生产全价配合饲料?

根据原料配合与粉碎的先后次序不同而分为两类加工工艺。

(1)原料先配合后粉碎工艺　加工工艺流程为:

原料清理除杂→计量入仓→配料→粉碎→混合→制粒→颗粒饲料计量包装
↓
粉料计量包装

(2)原料先粉碎后配合工艺　加工工艺流程为:

原料清理除杂→计量进仓→粉碎→配料→混合→制粒→颗粒饲料计量包装
↓
粉料计量包装

60 如何选择市场上的鸡饲料?

(1)选择生产厂家和品牌　选择大型厂家、使用效果好、质量稳定的品牌。

(2)按鸡品种和生长发育阶段选购　肉鸡和蛋鸡分别应选择肉鸡饲料和蛋鸡饲料。根据鸡发育的不同阶段,分别选择肉小鸡料、肉中鸡料和肉大鸡料以及蛋小鸡料、蛋中鸡料和产蛋鸡料。

(3)要鉴别饲料的优劣　首先看饲料有无产品质量合格证,其次看有无饲料标签(包装袋封口处),最后看保质期。

夏季提高鸡采食量的方法有哪些?

(1)科学饲喂　在早晚凉爽时喂料;调整日粮浓度,增加日粮中蛋白质和钙、维生素等的含量,降低能量含量;植物蛋白饲料代替动物蛋白饲料,减少鸡的采食腻感;换用颗粒饲料;少喂勤添,防止剩料;中午高温时在料槽里喷水拌料;用防暑药物(薄荷、维生素 C、食用小苏打);减少饲料贮存时间,以免发霉变质。

(2)降低鸡舍温度　鸡舍安装吊扇、落地扇、水帘、风机、喷雾水线,当温度上升到影响鸡采食量的时候,直接进行喷雾降温(可与带鸡消毒同时进行)。

62 降低养鸡饲料成本的措施有哪些?

饲料成本占整个养鸡成本的 2/3 左右,降低饲料成本是提高养鸡经济效益的关键环节。

(1)饲喂全价饲料　单独饲喂一种饲料,或饲喂几种组合不当的饲料,不能满足鸡的营养需要,会使饲料转化率降低,造成饲料损失。

(2)避免浪费　一般鸡场饲料浪费约占全年饲料总量的 5%;喂料要少给勤添,每次给料不超过饲槽的 1/3,食后槽内不剩料;饲槽结构不好,将损失 5%甚至 20%的饲料;饲槽以底尖、肚大、口小为好,应与鸡的背部等高;保管好饲料,防止老鼠偷吃。

(3)科学使用饲料配方　不擅自增加饲料营养成分或降低营养要求,适当使用饲料添加剂,尤其是使用提高饲料转化率的添加剂。

(4)改变饲喂方法　干粉料不宜过细,以防飞散损失;用湿拌料喂鸡时要现拌现喂,否则在夏季饲料容易酸败;适时限制饲养,在不影响鸡生长和产蛋的情况下,可节省 10%～15%的饲料。

(5)适时断喙　雏鸡断喙,避免鸡喙勾抛饲料,每天每只鸡生长期可节省饲料 3.5 g,在产蛋期可节省饲料 5.5 g,每产一枚鸡蛋可节省饲料 12 g。

(6)变平养为笼养　笼养鸡活动量小,维持消耗少,吃料也少;饲槽在笼外,鸡不糟蹋饲料,每天每只蛋鸡可节省饲料 20～30 g,每年可节省饲料 7.2～10.8 kg。

(7)及时淘汰停产鸡　一只停产鸡的饲料费用相当于 4 只产蛋鸡所创造的纯收益,如果鸡群中有 3%的停产鸡,则等于全群少饲养了 12%的产蛋鸡。

四、人工孵化技术

63 蛋是怎样形成的？

母鸡的生殖器官分为卵巢和输卵管两大部分，由卵巢形成卵细胞和蛋黄，输卵管分泌蛋白并形成壳膜和蛋壳。母鸡的生殖器官见图 4-1。

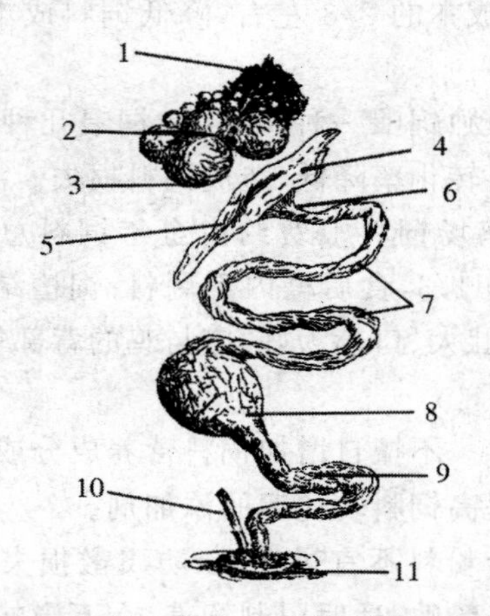

1.卵巢基　2.发育中的卵泡　3.成熟的卵泡　4.喇叭部　5.喇叭部入口　6.喇叭部的颈部　7.蛋白分泌部　8.峡部　9.子宫部　10.退化的右侧输卵管　11.泄殖腔

图 4-1　母鸡生殖器官

鸡到了开产期，卵巢上生成像葡萄样大大小小不同发育阶段的卵泡。成熟的卵泡从破裂处排出卵子，卵子通过漏斗部进入输卵管。此时，如有公鸡的精子，卵子就与精子就在漏斗部结合，形成受精卵，受精卵继续下行，到达输卵管的蛋白分泌部，在此被蛋白包裹，形成常说的鸡蛋清，而后再下行到输卵管的峡部，在此处包上蛋白形成的纤维性壳膜，再进入子宫，卵子在子宫停留时间最长，约 20 小时，在此形成蛋壳，在蛋壳表面又包上一层薄薄的胶质，最后，已经形成的鸡蛋通过阴道从泄殖腔孔排出来。

一个鸡蛋,从排卵到产出,大约需经 25 小时。所以,在正常情况下,鸡每天能产 1 个蛋。母鸡每连续产蛋 3～5 或 6～7 个以后,总要停产 1 天。

64 畸形蛋是怎样形成的?

(1)软壳蛋　饲料中缺乏钙或维生素 D,或钙、磷代谢受到影响、母鸡卵管炎或受惊、接种疫苗产生强烈反应等原因,阻碍蛋壳形成。

(2)无壳蛋　饲料中缺乏维生素 D 和钙质,或母鸡受惊吓使蛋提早产出,或是卵壳腺的机能不正常,不能分泌充足的壳质。

(3)蛋包蛋　蛋特别大,破壳后内有一正常蛋。母鸡由于受惊,导致输卵管发生逆蠕动,将形成的蛋推移到输卵管上部,然后再向下移行,又包上蛋白、蛋壳膜和蛋壳而形成。

(4)皱壳蛋　蛋壳上有钙质沉淀,可能由于吸收过量的钙,也可能由于输卵管收缩反常所致,也可能是传染性支气管的后遗症。

(5)无黄蛋　蛋形很小,是产蛋初期由于蛋白分泌部功能旺盛所致。

(6)双黄蛋　由于母鸡受惊或遭受压迫使两个卵黄同时成熟排出,或一个未成熟的卵黄与另一已成熟卵黄一起排出而形成的,与遗传有一定关系。

(7)血斑蛋和肉斑蛋　在蛋黄上有血块或有肉块,是因为卵巢出血或脱落卵泡膜随卵黄进入输卵管。

(8)异形蛋　如球形、扁形、长形、两端尖等蛋形,是由于输卵管峡部功能失调,蛋壳膜分泌失常,或峡部收缩对蛋产生挤压,或疾病引起。

65 蛋由哪几部分构成?

在子宫内虽然已有完全成形的蛋,仍称为卵,当卵离开鸡体后才称为蛋。蛋包括胚珠或胚盘、蛋黄、蛋白、蛋壳膜和蛋壳五个部分(图 4-2)。

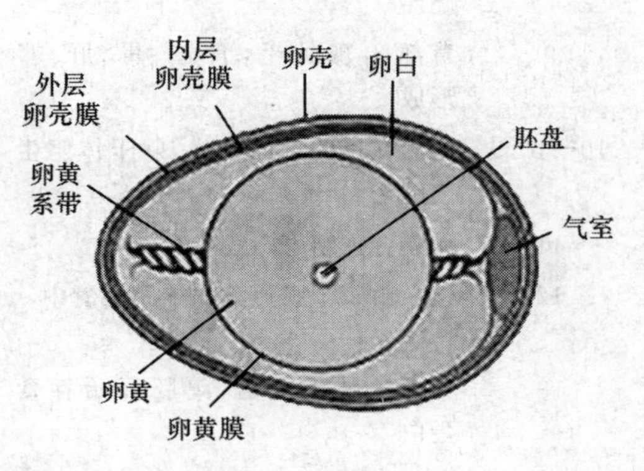

图 4-2　鸡蛋构成

66 鸡胚胎是怎样发育的?

(1)蛋形成过程中的胚胎发育　从卵巢上排出的卵子被输卵管漏斗部

接纳，后与精子相遇受精。由于母鸡体温高达41.5℃，卵子受精不久即开始发育，到蛋产出体外为止，受精卵约经24小时的不断分裂而形成一个多细胞的胚胎。胚胎在胚盘的明区部分开始发育并形成两个不同的细胞层，在外层的叫外胚层，内层的叫内胚层。蛋产出体外后，由于外界气温低于胚胎发育所需的临界温度，胚胎发育随之停止。

(2)孵化期中胚胎的发育　鸡的孵化期为21天。在孵化第1～4天为内部器官发育，孵化第5～15天为外部器官发育，孵化第16～19天为鸡胚生长阶段，孵化20～21天为出壳阶段。鸡胚胎发育过程中的主要形态特征见表4-1。

表4-1　鸡胚胎发育不同日龄的外形特征

胎龄/天	胚胎发育特征	照蛋特征(俗称)
1	器官原基出现	入孵24小时照蛋可见到绿豆大的“血岛”
2	出现血管，心脏开始跳动	“樱桃”形的血管
3	眼睛开始出现黑色素，胚胎向前弯曲近90°，出现四肢原基	“蚊子”形的胚胎和血管
4	可明显见到尿囊，胚胎头部与胚蛋分离	“蜘蛛”形的胚胎和血管。转动蛋，卵黄不易随着转动
5	眼球内黑色素大量沉着，四肢开始发育	除血管外，可明显看到黑色的眼点，俗称“单珠”
6	胚胎躯干增大，活动力增强	可看到两个圆团(一是头部，另一是弯曲增大的躯干)，俗称“双珠”
7	出现口腔，具有鸟类特征，翅、喙明显，可区分雌雄性腺	半个蛋面布满血管，胚胎不易看清，俗称“沉”
8	四肢成形，出现羽毛原基，易看到胚胎	从背面看，蛋转动时两边卵黄不易晃动，俗称“浮”
9	背部出现绒毛，食道、胃、肝、肾形成	从背面看，蛋转动时两边卵黄容易晃动，俗称“发边”
10～10.5	尿囊在蛋的背面合拢，躯干体躯生出羽毛	整个蛋除气室外都布满了血管，俗称“合拢”
11	尿囊合拢结束	从背面看，血管加粗
12	蛋白由浆羊膜道输入羊膜腔囊中	从背面看，血管粗、颜色深，两边卵黄在蛋的大头连接
13	头部被绒毛覆盖，鸡胚开始吞食蛋白	从背面看，蛋的大头暗而小头亮；蛋内黑影部分随着胚龄的增长而逐日加大，小头发亮的部分随着胚龄的增长而逐日缩小

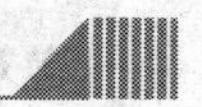

续表 4-1

胎龄/天	胚胎发育特征	照蛋特征(俗称)
14	全身被绒毛覆盖,胫部鳞片明显	
15	眼睑闭合	
16	蛋白基本被胚胎吞食完毕	从背面看,蛋的大头暗而小头亮;蛋内黑影部分随着胚龄的增长而逐日加大,小头发亮的部分随着胚龄的增长而逐日缩小
17	蛋白全部输入羊膜腔	以蛋的小头对准光源,再看不到发亮的部分,俗称"封门"
18	胚胎转身,喙伸入气室,卵黄开始进入腹腔	气室向一方倾斜,俗称"斜口"
19	卵黄全部纳入腹腔,眼睛开始睁开,颈部压迫气室	气室边红色区域已很少,黑色区域突出进入气室,并可见黑影闪动,俗称"闪毛"
19.5	头部进入气室,开始啄壳	俗称"起嘴"
20	脐部愈合,开始出壳	俗称"出壳"
21	出壳完毕	

67 鸡胚胎发育过程中有哪三个危险期?

(1)孵化前期　孵化后的第 2～5 天,胚胎心脏开始搏动,血液循环的建立及各胎膜的形成均处于初级阶段,胚胎生命力比较脆弱,孵化条件稍有不当,或此时熏蒸消毒,均会造成胚胎的死亡。

(2)孵化中期　孵化的第 12～13 天,胚胎开始了出壳前的肠管营养时期,此时温度、湿度不正常,将影响羊膜道与羊膜腔的连通,蛋白进不到羊膜腔被胚胎利用或蛋白代谢受阻,会造成胚胎大批死亡。

(3)孵化后期　孵化的第 19～20 天,尿囊萎缩,鸡胚胎由尿囊呼吸转变为肺呼吸,需要大量氧气。此时通风不良,胚胎喙部不能进入气室利用气室中的氧气,或温度过高,胚胎呼吸加快,而氧气量不够,会造成胚胎死亡。

68 胎膜有什么作用?

鸡胚胎在发育过程中的营养和呼吸主要是靠胎膜来实现的。

(1)羊膜　在孵化的第 2 天覆盖胚胎的头部,并逐渐包围胚胎全身。羊膜内充满透明的液体(羊水),可保护胎儿不受机械损伤,防止粘连,促进胎儿运动。

(2)浆膜　浆膜与羊膜同时形成。

(3)蛋黄囊　孵化的第2天开始形成,到第9天几乎覆盖整个蛋黄表面。蛋黄囊上分布着稠密的血管,从蛋黄供给胎儿营养物质。孵化第19天,卵黄囊及剩余的蛋黄物质绝大部分进入腹腔,第20天完全被吸入腹腔,作为出壳后暂时的营养来源。

(4)尿囊　孵化的第2天开始形成,到10～11天便包围整个蛋的内容物,而在蛋的小端合拢。尿囊表面布满发达的血管,胚胎通过尿囊血液循环,尿囊是胎儿的营养器官、呼吸器官和排泄器官。

69 胚胎怎样进行代谢?

发育中的胚胎需要蛋白质、碳水化合物、脂肪、矿物质、维生素、水和氧气等作为营养物,才能完成其正常发育。孵化头两天,无血液循环,胚胎以渗透方式从卵黄心取得养分。2天后,卵黄囊循环形成,胚胎主要吸收卵黄中的营养物质和氧气。孵化5～6天后,尿囊血液循环形成,可吸收卵黄、蛋白和蛋壳中的营养物质,还可吸收外界氧气。当尿囊合拢后,胚胎大量利用脂肪并在胚胎体内贮存,蛋温升高,同时大量吸收蛋壳中的钙、磷形成骨骼。孵化18天后,蛋白用完,尿囊枯萎,开始由血液呼吸转为肺呼吸,靠卵黄囊吸收卵黄中的营养物质,脂肪代谢加强,呼吸量大增。

70 如何选择种蛋?

在鸡舍进行种蛋第1次选择,送至蛋库内进行第2次选择,送至孵化车间后进行第3次选择。

(1)选择方法

外观选择。生产中多按照种蛋标准进行选择。

听音选择。两手各拿3个蛋,转动五指,使蛋与蛋互相轻碰,完整无损的蛋声音清脆,破损蛋可听到破裂声。

照蛋透视。用照蛋器进行,合格种蛋蛋壳应厚薄一致,气室小,气室在大头。破损蛋可见裂纹,沙皮蛋可见一点的亮点。蛋黄上浮、气室大、蛋内变黑,多是贮存过久,或运输时受震至系带折断。

剖视抽验。将蛋打开倒入衬有黑色物的平皿中观察,新鲜蛋蛋白浓厚,蛋黄隆起高,陈蛋蛋白稀薄,蛋黄扁平甚至散黄。

(2)选择标准

种蛋来源。应来源于高产、健康、饲养管理良好的种鸡群,受精率85%以上。

新鲜度。产后1周为宜,以3～5天最好。

蛋形。卵圆形最好,过大、过小、过长、过圆的蛋应剔除。

蛋重。普通蛋鸡品种的蛋重以50～65 g为宜。

蛋壳质量。蛋壳要致密、均匀、厚薄适中,蛋壳颜色要符合本品种特征。钢皮、腰箍、沙皮、软皮蛋、破损蛋、裂纹蛋及被粪便污染的蛋应剔除。

内部质量。气室歪斜的种蛋不能用。

71 如何进行种蛋消毒?

鸡蛋通过泄殖腔产出时,蛋壳表面会沾染上很多细菌和病毒,影响孵化率及污染孵化设备。生产中常用福尔马林熏蒸消毒法。

(1)福尔马林消毒法　每立方米用28 mL福尔马林和14 g高锰酸钾混合熏蒸,熏蒸时间20～30分钟即可。熏蒸时,应先放入高锰酸钾,再加入福尔马林,在20～26℃、相对湿度60%～65%的条件下,密闭熏蒸,消毒结束后立即通风。

(2)新洁尔灭喷雾消毒法　用5%的新洁尔灭原液,加水配制成0.1%的溶液,用喷雾器喷洒在种蛋表面,晾干后再孵化。

(3)紫外线照射消毒法　紫外线的光源距种蛋0.4 m,照射时间1分钟后,把种蛋翻过来再照射一次,多用几个紫外线灯,从各个角度同时照射,效果更好。

(4)高锰酸钾消毒法　用0.5%的高锰酸钾溶液浸泡种蛋1分钟,取出后沥干。

72 如何保存种蛋?

(1)适宜温度　鸡胚发育临界温度为23.9℃,如果环境温度超过此温度,鸡胚就会发育。如果长期处于低温保存环境,胚胎会冻死。所以,种蛋保存适宜温度是13～18℃。

(2)适宜湿度　为防止蛋内水分蒸发,蛋库内相对湿度应保持在75%～80%。

(3)适宜保存期　种蛋贮存时间以7天以内为好,以后每多放1天,孵化率下降1%～2%。

(4)定期翻蛋　种蛋保存一周内不需要翻蛋,蛋的大头朝下放置。若长期保存时,每天翻蛋1次,防止胚胎与蛋壳发生粘连。

(5)蛋库　要求清洁、无灰尘、隔热性能好,通风防湿,避免日光直射和穿堂风,无蚊蝇和鼠害等。种蛋保存期间不要洗涤，以免蛋壳表面的胶护膜被溶解破坏，加速蛋的变质。

73 如何运输种蛋？

种蛋在运输过程中要防雨、防晒、防震，动作要快速、平稳、安全，温度为 15～18°C，相对湿度 75%～80%。用种蛋箱或塑料蛋盘装运，蛋大头向上，排列整齐，以减少蛋的破损。

74 如何控制孵化温度？

(1)温度对胚胎影响　温度是胚胎发育的首要条件，只有在适宜的环境温度下胚胎才能正常发育。最适宜的孵化温度是 37.8℃，出雏温度是 37.3℃。当温度过高时，胚胎发育快，孵化期缩短。当温度过低时，胚胎生长发育迟缓，孵化期延长，雏鸡卵黄吸收不良，两种情况都会导致胚胎死亡率增加，雏鸡质量下降。

(2)孵化温度的控制　恒温孵化和变温孵化是两种孵化方式。当种蛋分批入孵时，采用恒温孵化，在孵化的 1～19 天保持一个温度，如 37.8℃，而在 19～21 天保持在 37.3℃。当种蛋整批入孵时，采用“前高、中平、后低”的变温孵化方法控制温度。无论采用何种孵化制度，都应遵守“看胎施温”的孵化原则，孵化人员要掌握照蛋时胚胎发育的特征，及时发觉孵化温度提供得当与否。

75 如何控制孵化湿度？

整批孵化时，应掌握“两头高，中间低”的原则，孵化初期相对湿度为 60%～65%，有利于胎膜的形成，中期为 50%～55%，有利于蛋内水分的蒸发，出雏时提高到 65%～75%，有利于胚胎的破壳。有些孵化器内有自动加湿装置，有的孵化器靠放置水盘的数量、控制水温和水位的高低来实现。

76 如何控制通风换气？

通风不良，会出现胎位不正和畸形，胚胎死亡率增高。在孵化初期，可暂时关闭孵化器进、排气孔，随胚龄的增加逐渐打开，至孵化后期全部打开，尤其是在出雏期，要加大通风换气量。

77 如何进行翻蛋？

定时转动种蛋的放置位置，使胚胎受热均匀，防止与壳膜粘连，有助于保证胎位正常，对于保证胚胎正常生长发育有重要作用。一般采取落盘前在孵化器内每隔 2 小时翻蛋 1 次，出雏器内停止翻蛋，翻蛋角度 90°为宜。

78 孵化前需要做哪些准备工作？

（1）制订孵化计划　根据孵化能力、种蛋数量及雏鸡销售情况，订出孵化计划。

（2）准备孵化室和用具　对孵化室、孵化机和孵化用具彻底清洗，用福尔马林进行熏蒸消毒。孵化用具有照蛋灯、温度计、消毒药品、防疫注射器材、记录表格、电动机等。

（3）孵化机检修和试机　在投入使用前认真校正、检验各机件的性能，最后打开电源开关，启动各系统，开机试运行 1～2 天，运转正常即可入孵。

（4）种蛋预热　入孵前预热种蛋，能使胚胎发育从静止状态中逐渐“苏醒”过来，减少孵化器里温度下降的幅度，除去蛋表凝水，以便入孵后能立刻消毒种蛋。

（5）码蛋入孵　码蛋时种蛋的钝端向上放置，码蛋时间最好在下午 4 点以后，这样可使大批出雏在白天，有利于工作。

（6）种蛋消毒　种蛋入孵化器后、在升温之前，进行第 2 次消毒。

79 如何管理孵化机？

（1）温度的管理　温度经过调节固定后，一般不要再动。刚入孵时，由于开门放蛋，种蛋和蛋盘吸收热量，而孵化器一直处于加热状态，几小时后达到孵化温度。在正常情况下，机内温度偏高或偏低 0.5℃时，即要检查原因，予以调整，排除故障。

（2）湿度的管理　定时观察机门玻璃窗内的干湿球温度计情况，并记录。孵化后期胚胎需要湿度高的环境，可以采用孵化机内喷淋湿水加湿。

（3）通风系统的管理　随着胚龄增加，需氧量大增，要及时调整进气口大小，定期检查进出风口的防尘砂窗，及时清理灰尘，保证空气流通。经常检查风扇、电机和传动皮带工作是否正常，以确保通气和均温正常。

（4）翻蛋系统　每 2～3 小时翻蛋 1 次，翻蛋角度为±45°，每次要记录翻蛋的方向。如遇停电，则需每隔 1 小时手动翻蛋 1 次。

(5)落盘、拣雏　胚蛋孵化至 18～19 天，应转入出雏器中继续孵化至出雏。落盘时提高室温，动作要轻、稳、快。胚蛋在孵化 20.5 天时，开始大批啄壳出雏，拣出羽毛已基本干了的雏鸡和蛋壳。出雏完毕后，对孵化机和孵化室进行清扫和消毒。出雏盘、水盘冲洗干净后放入出雏器进行熏蒸消毒。

80 怎样照蛋？

孵化期中照蛋 2～3 次，以便及时剔除无精蛋和死胚蛋。

第 1 次照蛋在孵化第 5～7 天进行。受精蛋胚胎发育正常，血管呈放射状分布，颜色鲜艳发红，黑色的眼点明显。死胚蛋颜色较浅，内有不规则的血线、血环。无精蛋发亮，无血管网，只能看到蛋黄的影子(图 4-3)。

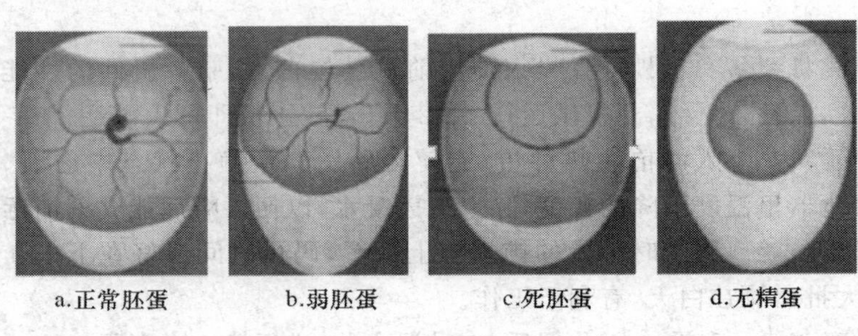

a.正常胚蛋　b.弱胚蛋　c.死胚蛋　d.无精蛋

图 4-3　一照胚胎特征

第 2 次照蛋在入孵后第 19 天进行。发育正常的胚胎，气室大而弯曲且不整齐，除气室外胚胎已占满蛋的全部容积，胚蛋全是黑色，气室内有喙的阴影，俗称“闪毛”。发育迟缓的胚胎，气室小，边缘平齐。死胚蛋气室周围看不到暗红色的血管，边缘模糊(图 4-4)。

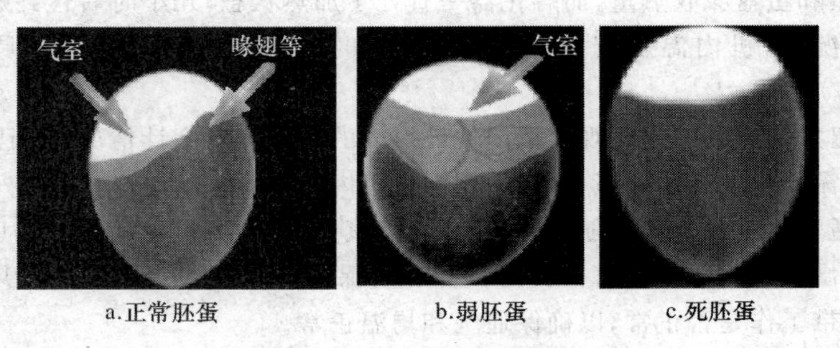

a.正常胚蛋　b.弱胚蛋　c.死胚蛋

图 4-4　二照胚胎特征

81 胚胎死亡原因有哪些？

正常情况下，入孵蛋孵化率为 85%，其中无精蛋不超过 5%，初期死胚蛋为 2%，中期死胚蛋为 2%～3%。末期死胚蛋占 6%～7%。

(1)孵化初期鸡胚死亡　多数是种蛋质量不良，如种蛋储存过久、熏蒸消毒过度、运输时受剧烈振动、种蛋污染或裂纹蛋、种鸡患病及孵化前期温度过高过低。

(2)孵化中期胚胎死亡　多为种鸡的营养及健康状况不良，如缺乏维生素，也与种蛋污染以及孵化温度和通风不良等有关。

(3)孵化末期胚胎死亡　多为孵化条件不当、种蛋污染、种鸡饲料营养不良、小头向上孵化、种鸡患病等造成，常常发生胚胎闷死在壳内、啄壳后死亡现象。

82 怎样对初生雏分级？

根据雏鸡的活力、蛋黄吸收情况、脐带愈合程度、胫和喙的色泽等进行鉴别分级。健雏活泼好动，两脚站立很稳，蛋黄吸收良好，腹部不大，脐孔愈合良好，被羽毛覆盖，无残痕。叫声清脆，眼大而有神，喙和胫的色泽鲜浓，绒毛整洁光亮，体重大小合适。反之为弱雏。

83 如何翻肛鉴别雏鸡雌雄？

将出壳 12 小时内的雏鸡，放在 200 W 的白炽灯下，鉴别人左手握雏鸡，雏鸡头向下，尾向上，腹部向人，左手拇指轻压腹部左侧面，排出雏鸡粪便。左手拇指将泄殖腔腹面往下扒动，用右手拇指和食指将泄殖腔左右扒开，可见泄殖腔内腹壁有两个呈八字形、淡红色发亮突起的八字壁，八字壁之间有一个圆形粉红色突起为生殖突起。生殖突起明显者为雄性，不明显或没有者为雌性(图 4-5)。

a.握雏、排粪

b.翻肛鉴别

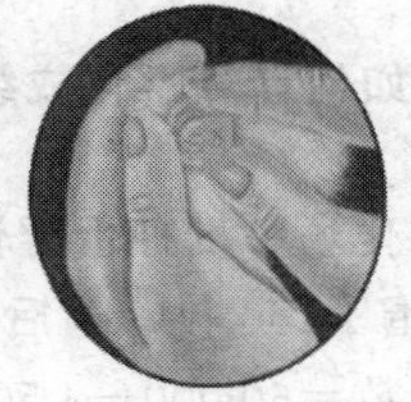

c.鉴别

图 4-5　翻肛鉴别雌雄

84 如何以羽色鉴别雏鸡雌雄？

用金黄色羽的种公鸡与银白色羽的种母鸡杂交，后代雏鸡中，凡绒毛金黄色的为母雏，银白色的为公雏。鉴别率可达99%以上。绝大部分褐壳蛋鸡商品代都可以羽色自别雌雄(图4-6)。

85 如何以羽速鉴别雏鸡雌雄？

用慢羽种母鸡与快羽种公鸡杂交，其后代雏鸡中，凡快羽的为母雏，慢羽的为公雏。粉壳蛋鸡商品代可以羽速自别雌雄。羽速区别方法：初生雏鸡若主翼羽长于覆主翼羽，为快羽母雏；若主翼羽短于或等于覆主翼羽，则为慢羽公雏(图4-7)。

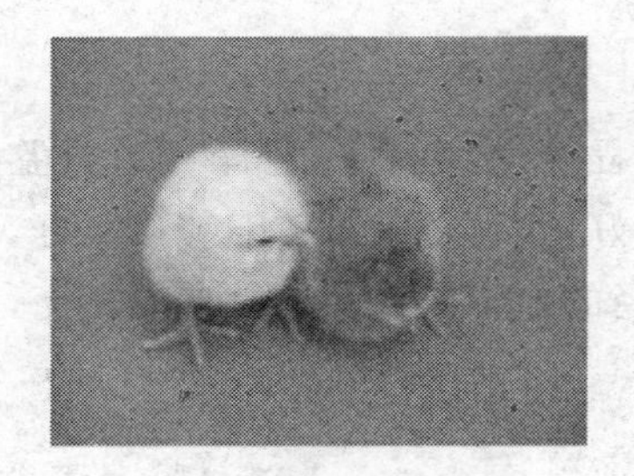

图4-6 羽色自别雌雄

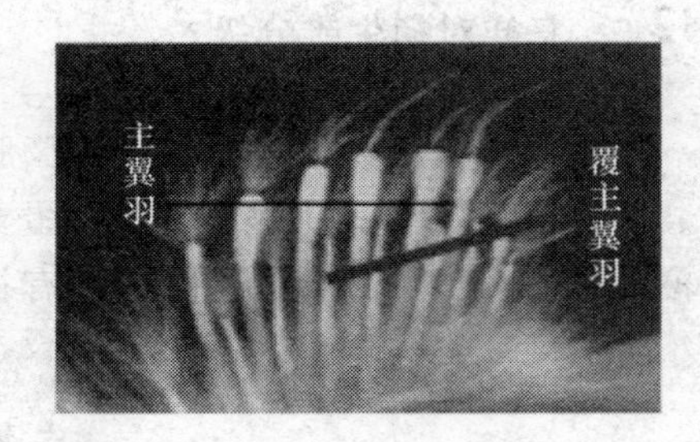

图4-7 快慢羽识别

86 如何给雏鸡剪冠？

为了防冻冠，或为了方便笼养鸡采食以及防止后备公鸡长大后相互啄伤、刮伤而剪冠，也用于给鸡做标记。在出雏后24小时内，用酒精消毒后的弧形手术剪刀紧贴鸡冠基部，从前往后剪去鸡冠。如果出血，用碘酒涂抹创口。

87 如何计算孵化成绩？

某孵化场一批种蛋孵化情况如下：入孵60 000枚种蛋，检出头照无精蛋4 500枚，死精蛋1 150枚。最后出健雏50 570只，弱雏680只，毛蛋3 100枚。该批种蛋的受精蛋数＝60 000－4 500＝55 500枚，孵化成绩为：

受精率＝受精蛋数/入孵蛋数＝55 500÷60 000＝92.5％

早期死胚率＝1～5d 胚龄死胚数/受精蛋数＝1150÷55 500＝2.07％

入孵蛋孵化率＝出雏总数/入孵蛋总数＝51 250÷60 000＝85.42％

受精蛋孵化率＝出雏总数/受精蛋总数＝51 250÷55 500＝92.34％

健雏率＝健雏数/出雏总数＝50 570÷51 250＝98.67％

毛蛋率＝出雏死胚数/入孵种蛋数＝3 100÷60 000＝5.17％

五、蛋鸡生产技术

88 育雏前要做哪些准备工作?

(1)选择品种　根据市场需要选择合适的鸡种,尽量要从正规种鸡场引种。

(2)确定育雏人员　饲养员要掌握育雏知识,具备育雏经验。

(3)选择育雏方式　如地面育雏、网上育雏、笼养等。

(4)确定育雏时间　应按照鸡群周转计划进鸡苗。一般在蛋价上涨之前25～26周龄开始育雏,这样鸡群的产蛋高峰期处正好在蛋价高的季节。

(5)控制育雏数量　雏鸡数量要比产蛋鸡笼位多养15%。

(6)准备育雏室　对房舍和设备进行冲洗与消毒。在进雏前1～2天试温,笼养鸡舍室温达32～34℃,平养鸡舍不低于25℃,保温伞下达到33～35℃。

(7)准备饲料药品　准备好足够1周的雏鸡饲料、疫苗和常用药(抗白痢药、抗球虫药、抗应激药)。在雏鸡进舍前2小时,把5%葡萄糖液的温水溶液装入饮水器内,均匀分布。

89 雏鸡有哪些生理特点?

0～6周龄的鸡称为雏鸡。

(1)体温调节机能差　幼雏体温较成年鸡体温低3℃,加之雏鸡绒毛稀短,皮下脂肪少,保温能力差,体温调节机能要在2周龄之后才逐渐趋于完善。所以维持适宜的育雏温度,对雏鸡的健康和正常发育是至关重要的。

(2)生长发育迅速、代谢旺盛　雏鸡1周龄时体重约为初生重的2倍,至6周龄时约为初生重的15倍,生长发育迅速,在营养上要充分满足其需要。雏鸡的代谢很旺盛,单位体重的耗氧量是成鸡的3倍,在管理上要满足其对新鲜空气的需要。

(3)消化系统发育不健全　幼雏的消化器官还处于一个发育阶段,每次进食量有限，同时消化酶的分泌能力还不太健全，消化能力差。所以必须选用质量好、容易消化的原料，配制高营养水平的雏鸡全价饲料。

(4)敏感性强　雏鸡不仅对环境变化很敏感，各种异常声响及新奇的颜色、陌生人进入，都会引发鸡群骚动不安，还对一些营养素的缺乏以及一些药物、霉菌等有毒有害物质的反应也很敏感。所以，在注意环境控制的同时，选择饲料原料和用药时也都需要慎重。

(5)抵抗力差　雏鸡约10日龄才开始产生自身抗体，且母源抗体日渐衰减，至3周龄母源抗体降至最低，30日龄之内雏鸡的免疫机能还未发育完善，虽经多次免疫，自身产生的抗体水平还是难于抵抗强毒的侵扰，所以要做好疫苗接种和药物防病工作，应尽可能为雏鸡创造一个适宜的环境。

(6)羽毛生长更新速度快　雏鸡羽毛生长速度极为迅速，在4～5周龄、7～8周龄、12～13周龄、18～20周龄分别脱换4次羽毛。因此，雏鸡对日龄中蛋白质(尤其是含硫氨基酸)水平要求高。

90　雏鸡的培育目标是什么？

育雏率高，均匀度好。健康雏鸡6周龄时育雏率≥98%，鸡群良好均匀度在80%以上。

体重达标，骨骼结实。符合标准体重的鸡，说明生长发育正常，将来产蛋性能好，饲料报酬高。如果体重达标但骨骼发育迟缓，说明鸡体过肥，影响产蛋。检查体重方法是称重，检查骨骼发育方法是用游标卡尺测量鸡的胫骨长度(图5-1)。

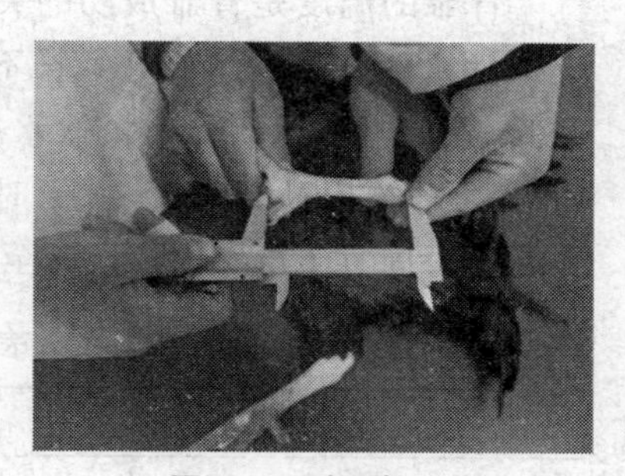

图5-1　测胫长

91　如何给雏鸡饮水？

初生雏鸡第一次饮水为“初饮”。“先饮水，后开食”是育雏的基本原则之一，及时饮水有利于卵黄吸收和胎粪排出，增进食欲，补充水分，恢复雏鸡体力。为使每只鸡都能及时喝上水，用手抓几只雏，把喙按入饮水器，反复2～3次使之学会饮水。1周龄的雏鸡要饮用温开水，并在饮水中加入多维和电解质。供应饮水器的数量要足够，在每天有光照的时间内要保证饮水器内有水。一般情况下，雏鸡的饮水量是其采食量的1～2倍。

92 如何给雏鸡开食?

雏鸡的第一次喂饲称“开食”。刚出生的雏鸡体内有卵黄,可在3～5天内供给雏鸡部分的营养物质。

雏鸡开食最适宜时间是在孵出后12～24小时,其死亡率最低。实际饲养中,可在雏鸡初饮2小时后,当有60%～70%雏鸡随意走动并有啄食行为时即可开食,可以促进雏鸡身体内蛋黄的吸收,有利于胎粪排出,促进其生长发育。最好选在白天开食,均匀地将开食料撒在平盘或塑料蛋盘上,饲养人员可以轻轻地敲打饲料盘,诱鸡采食。稍加拌湿的饲料为最佳,并且拌一定比例的多维素和抗生素,饲料要现拌现用,采取勤添少喂的方法,一般情况下一天喂料4～6次,一周以后可改用料桶或料槽。

93 温度对雏鸡有什么影响?

育雏的温度是育雏成功的关键。如果温度偏高,雏鸡饮水量增加,采食量相应减少,生长速度降低,羽毛生长不良,严重时雏鸡受热出“汗”形成僵鸡。如果温度偏低,雏鸡不爱运动,吃料、饮水减少,生长速度变慢,还会诱发“白痢”和呼吸道疾病,死亡率上升。雏鸡1～3天时,舍内温度宜保持在32～35℃,随后,鸡舍内的环境温度每周宜下降2～4℃,直至室温(表5-1)。

表5-1 育雏的适宜温度 ℃

周龄	1	2	3	4	5	6
育雏器温度	35～32	32～29	29～27	27～24	24～21	21～18
育雏室温度	24	24～21	21～18	18	18	18

94 如何看鸡施温?

温度适宜时,雏鸡活泼好动,叫声轻快,羽毛平整光滑,食欲良好,饮水适度,粪便多呈条状,头颈伸直熟睡,鸡舍安静。温度低时,雏鸡行动缓慢,集中在热源周围或挤于一角,并发出“叽叽”叫声,严重者发生感冒或下痢致死。温度高时,雏鸡远离热源,趴于地面,两翅展开,张口喘息,大量饮水,食欲减退,会导致热射病致雏鸡大批死亡(图5-2)。

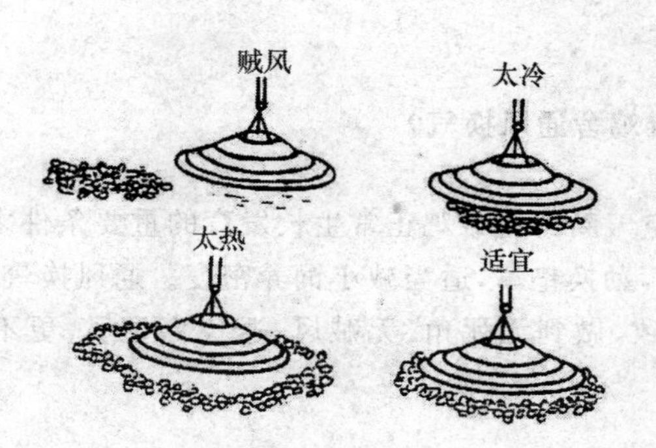

图 5-2 看鸡施温示意图

95 湿度对雏鸡有什么影响?

雏鸡舍湿度过高,不论高温或低温,都对雏鸡不利。高温高湿时,雏鸡闷热难受,体内热量不易散发,食欲下降,生长发育缓慢,抵抗力下降。低温高湿时,舍内又冷又潮,雏鸡易得感冒和发生胃肠病。温度适中而湿度过低时,会造成鸡体内水分散失增多,卵黄吸收不良,绒毛干枯,脚趾干瘪,雏鸡易受灰尘侵袭而患呼吸道疾病。

96 如何控制雏鸡舍湿度?

在孵化后期,出雏器内的湿度相对较高,为了减少雏鸡出雏后的应激,育雏前3天相对湿度70%,4~7天65%,8~14天60%,15天以后50%~60%。提高湿度的办法是采取炉子上坐水、空气中喷水相结合的办法,减少湿度的措施是定时清除粪便、饮水器不能漏水、通风换气、适当减小饲养密度。

97 有害气体对雏鸡有什么影响?

鸡在呼吸过程中吸入养气,排出二氧化碳,如果通风不良,氧气就会减少,二氧化碳浓度增大,使空气变得污浊,对雏鸡的生长发育有危害。雏鸡排泄的粪便中还能分解散发出氨气和硫化氢气,对雏鸡危害最大的是氨气,毒性最强的是硫化氢气体,当氨气浓度超过15 ppm、硫化氢浓度超过10 ppm,就会引起雏鸡眼结膜与呼吸道疾病的发生。

98 如何做好雏鸡舍通风换气？

经常保持室内空气新鲜是雏鸡正常生长发育的重要条件之一。雏鸡舍应设置通风设备，定时清粪，勤换垫草，适当减小饲养密度。通风换气时，应使整个鸡舍气流速度基本保持一致，做到无死角、无贼风，避免穿堂风，更不能为了保温而不愿通风。

99 如何调整雏鸡饲养密度？

每平方米面积饲养的雏鸡只数，称为饲养密度，饲养密度宜小不宜大。密度过大时，不仅室内有害气体增加，空气湿度增高，垫料潮湿，而且雏鸡活动受到限制，容易发生啄癖，整齐度差。密度过小，房舍设备不能充分利用，饲养成本提高，在经济上不划算。中型蛋鸡比轻型蛋鸡的密度要小些。雏鸡适宜的饲养密度如表5-2。

表5-2 不同育雏方式雏鸡的饲养密度 只/m²

饲养方式	1～3周龄	4～6周龄
笼养	≤25	≤12
网上平养	≤25	≤12
地面平养	≤20	≤8

100 光照对雏鸡有什么影响？

光照不仅可以促进雏鸡活动，便于采食和饮水，最重要的是刺激鸡的脑下垂体，促进生殖系统发育，直接关系到将来蛋鸡产蛋率的高低。育雏后期，若光照时间过长，则促进鸡的性早熟，而光照过短，将延迟性成熟，因而要严格控制蛋用雏鸡光照时间。

101 如何控制雏鸡舍光照？

密闭式鸡舍靠电灯照明，光照时间的长短、强弱容易控制。绝大多数养鸡户用有窗的开放式鸡舍养鸡，受昼夜时间长短的约束，就要根据雏鸡出壳季节采用相应的光照方案。雏鸡出壳后3天内，每天给予24小时光照，光照强度保证20 lx（约

4 W/m^2)为宜,便于雏鸡采食和饮水,以后每昼夜光照时间保持恒定或略为减少,切勿增加(见育成鸡光照方案)。

102 雏鸡需要接种哪些疫苗?

免疫接种是防止病毒性传染病发生和流行的重要手段。一般情况下,育雏期间接种的疫苗有:1 日龄接种马立克氏疫苗,皮下刺种;7～10 日龄、22～24 日龄用新城疫疫苗和传染性支气管炎疫苗点眼、滴鼻;10～15 日龄、25～30 日龄用传染性法氏囊疫苗饮水;30～40 日龄禽流感疫苗颈部皮下注射;20～42 日龄用鸡痘疫苗刺种。

103 雏鸡需要药物预防哪些疾病?

(1)防脱水　雏鸡因初饮和开食时间过迟、体内水分得不到及时补给,轻则造成雏鸡精神不振,体重减轻,重则瘫软、衰竭而死。

(2)防感冒　气温突然降低或舍温不稳,雏鸡最易感冒。

(3)防炎症　主要是预防脐炎和卵黄囊炎。

(4)防传染性支气管炎　此病是初春育雏鸡常见的急性呼吸道传染病之一。

(5)防鸡白痢　2 周龄内雏鸡多呈急性败血症型。

(6)防球虫病　潮湿的雨季为暴发期,球虫对雏鸡的危害最为严重。

104 怎样搞好雏鸡卫生防疫?

(1)制订并严格执行卫生防疫制度　包括隔离要求、消毒要求、药物使用准则、疫苗接种要求、病死雏鸡处理规定等。

(2)做好隔离　育雏舍与周围要严格隔离,减少育雏人员的外出,杜绝无关人员靠近。

(3)环境消毒　每饲养一批鸡后,育雏室应彻底打扫、清洗和消毒。育雏室门前设消毒池,内放消毒液,饲养人员进入育雏室应更衣、换鞋。常用百毒杀、抗毒威、新洁尔灭等带鸡消毒。

(4)饲料、饮水安全卫生　饲料和饮水卫生与消化道疾病有关,要求配合饲料营养全面,严防发霉、变质,最好饮自来水,如使用河水或井水,用漂白粉或每周饮用高锰酸钾水 1 次。

105 怎样观察雏鸡群健康状况？

(1)观察采食量　鸡群采食量应和该品种在相应阶段的标准采食量基本一致。如果采食量突然下降，应检查是否有换料、断水、惊群、饲料质量下降、喂料方法突然改变、饲料腐败变质，逐项排除后应重点考虑是否发生疾病。

(2)观察饮水量　如鸡群饮水过量，可能是育雏温度过高、相对湿度过低或鸡群发生球虫病、传染性法氏囊病，也可能是饲料中使用了劣质咸鱼粉，导致食盐含量过高。

(3)观察粪便　刚出壳、尚未采食的雏鸡排出的胎粪为白色或深绿色稀薄液体，采食后便排圆柱形或条形的表面常有白色尿酸盐沉积的棕绿色粪便，有时早晨单独排出的盲肠内粪便呈黄棕色糊状。发生传染病时，雏鸡排出黄白色、黄绿色附有黏液、血液的恶臭稀便，发生鸡白痢时，排出白色糊状或石灰浆样的稀便，发生肠炎、球虫病时排呈棕红色的血便。

(4)观察鸡群行为　病弱雏常离群闭眼呆立，羽毛蓬松不洁，翅膀下垂，呼吸有声，异食癖等。

106 怎样给雏鸡断喙？

用断喙器断掉鸡的喙端，可防止蛋鸡啄肛。6～9日龄时，将断喙器刀片温度调至700℃(樱桃红色)，左手握住雏鸡，右手拇指与食指轻轻按住雏鸡咽喉，将喙插入断喙器刀孔，切去上喙1/2，下喙1/3，切后用断喙器刀片灼烙喙，止血(图5-3)。

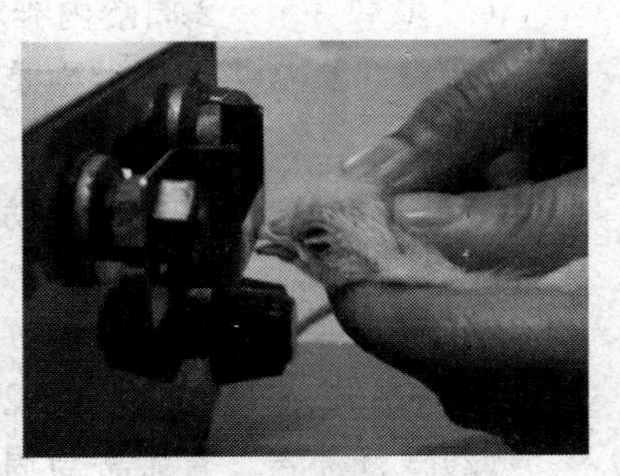
图5-3　断喙

107 育成鸡的生理特点有哪些？

(1)育成鸡适应性增强　7～20周龄的蛋鸡称为育成鸡，羽毛经过几次脱换已较丰满，御寒能力较强，对环境的适应能力和对疾病的抵抗能力明显增强。

(2)消化机能提高，生长迅速　育成鸡食欲旺盛，生长迅速，各组织器官生长处于旺盛时期。随日龄增加，育成鸡体重逐渐减慢，脂肪沉积增多，生产中要避免育成鸡过肥，影响日后的产蛋。

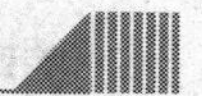

(3)生殖系统发育速度快　10～12周龄后，母鸡卵巢上的滤泡开始发育，生产中要注意限制营养供应和控制光照，避免母鸡早产，影响鸡的整个产蛋性能。

108 高产蛋鸡的育成要求有哪些？

体重的增长符合标准，具有强健的体质，能适时开产，并具备维持持续高产的体力；骨骼发育良好，并与体重增长相一致；群体体重均匀，均匀度在80%以上；具有较强的抗病能力，保证鸡群能安全度过产蛋期。

109 育成鸡适宜的饲养密度是多少？

育成鸡饲养密度见表5-3。

表5-3　育成期不同饲养方式的饲养密度　　只/m²

饲养方式	生长期	育成期	产蛋期
	7～8周龄	9周龄～5%产蛋率	产蛋率5%以上
网上平养	≤12	≤8	≤8
地面平养	≤8	≤6	≤5
笼养	≤12	≤10	≤10

110 育成鸡怎样限制饲养？

限制饲养可以控制育成鸡的体重，抑制其性成熟，使育成鸡性成熟适时化和同期化，还可以节约10%～15%饲料。一般从8周龄开始限饲，至18周龄结束。

(1)限量法　即每天每只鸡的饲喂量为正常采食量的80%～90%。

(2)限质法　即限制日粮中的能量和蛋白质水平，在生产中，一般将育雏料换成育成鸡料来实现限制饲养。

111 育成鸡怎么转群？

(1)转群前的准备　提前1周做好鸡群免疫，准备好转群舍和转群工具，安排好转鸡人员。

(2)转群时间　在鸡体重达到标准的情况下，17～18周龄转群较好，最迟不能超过20周龄。

(3)捉鸡方法　轻拿轻放,抓鸡的两脚,不能抓颈、翅、尾部,用装鸡运输箱运鸡。

(4)转群后的工作　尽快恢复喂料和饮水,在饲料中添加1～2倍的复合维生素或电解质。

112 育成鸡为什么要控制光照时间?

光照对育成鸡的作用很大,光照一方面能促使机体的生长发育,另一方面又刺激生殖系统,加速小母鸡卵巢的发育,直接影响性成熟的早迟和开产日龄。光照的影响,主要取决于光照时间的长短。因此,育成期过早过强的光照或过晚过弱的光照都不利于今后产蛋性能的发挥。育成鸡在10周龄之后对光照就较敏感,过早加光照,会使鸡各器官系统在尚未发育成熟的情况下,生殖器官会过早发育而早产,这时母鸡体内积累的养分和无机盐不充分,容易出现早产早衰、脱肛等现象,鸡体质弱,死淘率高。而迟迟不加光照,推迟开产,势必增加育成时间,浪费饲料,降低经济效益,也是不可取的。总之育成期的光照原则是不可增加光照时间和光照强度。

113 怎样控制育成鸡光照?

从初生雏到20周龄,每昼夜光照时间保持恒定或略为减少,切勿增加。

(1)密闭式鸡舍光照管理　采用每天8～9小时的人工光照。

(2)开放式鸡舍光照管理　从4月上旬到9月上旬孵出的雏鸡,育成后期处于日照缩短的时间,20周龄前用自然光照。从9月上旬到次3月下旬孵出的雏鸡,由于大部分生长时期光照时间不断增加,在20周龄前应控制光照。生产中常采用恒定法,以20周龄内最长的日照时间作为恒定光照时间,也可采用渐减法,即查出本批鸡20周龄时当地的日照时间,以此为准再加上5小时作为第4天时的光照时间,从第2周开始以后每周减少15分钟,减到20周龄时恰好为当地的自然光照时间,此期间就形成了一个人为的光照渐减期。但是,如果育成后期(14～20周龄)光照时间不少于13小时,都有可能发生早产现象。

114 如何控制育成鸡体重?

要求蛋鸡在6～8周龄时体重达到标准体重,最迟不超过10周龄。育雏期一般不会严重超重,应敞开饲喂。8周龄后,如果育成鸡体重超过标准体重10%以

上，就要限制饲喂，使其降到标准范围之内，如果体重达不到要求时，可延长育雏料的使用时间，或增加饲喂量。当18周龄鸡群达不到体重标准时，对原为限饲的改为自由采食，原为自由采食的则提高蛋白质和代谢能的水平，以使鸡群开产时体重尽可能达到标准。育成期体重的增长应按曲线逐步增长，千万不可限制前期体重，后期快速增长。

115 育成鸡怎样称重？

称重是了解鸡群体重唯一有效的办法。固定称重时间，每周随机抽样(5%～10%)称重。大群平养时，在鸡舍四个角随机拦住一定数量的鸡，笼养时，取对角线上几个笼子的鸡，逐只鸡称重，以 g 为单位计量，计算出平均体重后与本品种标准体重比较，然后采取相应措施，使鸡群始终处于适宜的体重范围。

116 生长蛋鸡的耗料量与体重标准是多少？

8周龄前雏鸡自由采食，8周龄后结合光照进行限制饲养。生长蛋鸡推荐喂料量及体重标准参考表5-4。

表 5-4 生长蛋鸡耗料量与体重 g/只

周龄	白壳蛋鸡			褐壳蛋鸡		
	日耗料	累计耗料	体重	日耗料	累计耗料	体重
1	10	70	63	8	56	60
2	15	175	115	16	168	120
3	20	315	185	24	336	200
4	25	490	265	32	560	290
5	33	721	350	37	819	380
6	39	994	440	40	1 099	470
7	44	1 300	525	45	1 414	560
8	46	1 626	620	50	1 764	650
9	48	1 960	710	55	2 149	730
10	51	2 317	800	57	2 548	820
11	54	2 695	880	60	2 968	910
12	57	3 094	960	64	3 416	1 000
13	59	3 507	1 030	69	3 899	1 085

续表 5-4

周龄	白壳蛋鸡			褐壳蛋鸡		
	日耗料	累计耗料	体重	日耗料	累计耗料	体重
14	61	3 934	1 095	72	4 403	1 160
15	63	4 375	1 160	75	4 928	1 240
16	65	4 830	1 225	78	5 474	1 320
17	67	5 300	1 285	80	6 034	1 400
18	68	5 775	1 335	83	6 615	1 475

117 怎样计算育成鸡体重均匀度？

体重均匀度反映鸡群的一致性，是体重在平均体重±10%范围内的鸡数占抽测鸡数的百分比。均匀度达 80%以上的鸡群发育整齐度高，开产时间较一致，产蛋高峰早，维持高峰时间长，产蛋量高。疾病、喂料不均匀、密度过大或断喙不成功均会造成鸡群均匀度差，分群管理和降低密度能较快提高鸡群的均匀度。

例如，某鸡群规模为 1 000 只，抽样鸡数为 50 只，将这 50 只鸡的单个体重相加，再除 50，即得出抽测群的平均体重。如抽测平均体重为 1 500 g，再对这 50 只抽测鸡逐个查看体重，数出体重在抽测群平均体重±10%范围内的鸡只数，然后除以抽测数，即得出均匀度。如体重在抽测群平均体重±10%（1 650～1 350 g）的鸡有 40 只，则该群育成鸡的均匀度为 80%。

118 育成鸡开产前管理要点有哪些？

（1）补钙　形成蛋壳的钙 3/4 来自饲料，1/4 来自骨髓。在开产前 10 天或当见第一枚蛋时，将育成鸡料过渡为预产料，含钙量由 1%提高到 2%，其中含颗粒状石灰石或贝壳粒至少一半。直到鸡群产蛋率达 5%时，再改换为产蛋鸡饲料（含钙 3.5%）。

（2）转群　17～18 周龄转群，让鸡适应新的环境。

（3）增加光照　鸡体重达标时，第 20 周龄起每周延长光照 0.5～1 小时，直至达到 16 小时后恒定不变。加光必须与更换饲料结合进行。

（4）自由采食　鸡群从开始产蛋起，一直自由采食，直到高峰结束后 2 周。

119 怎样做好育成鸡日常记录？

育成鸡生产记录表参照表 5-5。

表 5-5 育成期记录表

品种						入舍日期					
批次						入舍数量					
转群日期						转群数量					
周龄	日龄	存栏/只	死亡/只	淘汰/只	成活率/%	耗料量			平均体重/g	均匀度/%	用药免疫
						每只耗料/g	总量/kg	累计耗料/kg			
	42										
	43										
	44										
	…										
	140										

120 产蛋鸡有哪些生理特点？

(1)开产后身体尚在发育　刚进入产蛋期的母鸡，虽已性成熟，但还没有体成熟，体重继续增长，至 54 周龄后生长发育才基本完成，以后增加的体重多为脂肪。产蛋前期要保证产蛋和发育所需的营养，后期要限制饲养。

(2)对环境变化极为敏感　产蛋鸡对于饲料配方突然变化、饲喂设备的改换、饲养环境的变换、应激因素等敏感，对产蛋积为不利。

(3)鸡不同周龄对营养物质利用率不同　母鸡刚开产时，对钙的储存能力增强，到产蛋高峰时，对营养物质的消化吸收能力增强，采食量持续增加，而到产蛋后期，其消化吸收能力减弱而脂肪沉积能力增强。

(4)换羽　母鸡经一个产蛋期后，便自然换羽，从开始换羽到新羽长成，一般需要 2～4 个月。换羽期间由于雌激素分泌减少而停止产蛋，换羽后再重新开始产蛋。第二年的母鸡抗病力增强，产的蛋大，但产蛋量降低，饲料报酬降低，产蛋持续时间缩短。

121 蛋鸡有哪些产蛋规律？

鸡在第一年产蛋量最高，从第二年开始，产蛋量每年递减15％～20％，这就是商品蛋鸡一般只养一年鸡的主要原因。蛋鸡第1个产蛋年的产蛋水平随周龄的增长而呈现低—高—低的变化规律，开产后最初6周内产蛋率迅速提高，以后则平稳地下降，直至产蛋末期。蛋重则随着蛋鸡周龄的增加而增加，到第一年产蛋末蛋重达到最大。

122 怎样绘制与分析产蛋曲线？

(1)产蛋曲线绘制　根据产蛋期内每周平均产蛋率绘制成的坐标曲线图(纵坐标标示产蛋率，横坐标标示周龄)，即为产蛋曲线，如图5-4。

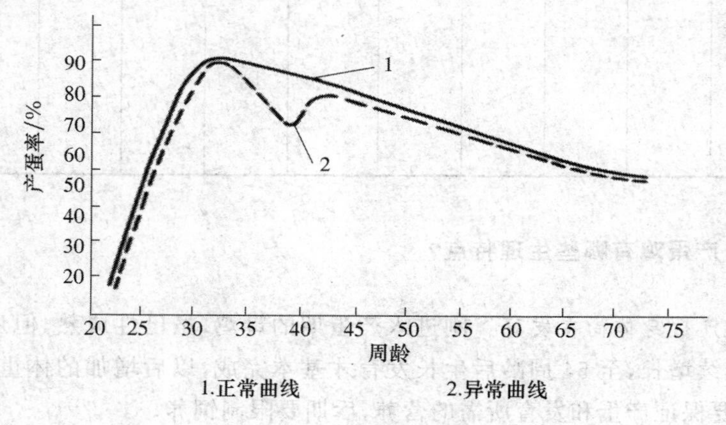

图5-4　产蛋曲线

(2)产蛋曲线分析　将生产中的产蛋曲线与标准曲线进行对照，及时找出差距，分析原因，弥补不足，具有指导饲养管理的作用。只有在良好的饲养管理条件下，鸡群的实际产蛋状况才能同标准曲线相符。

正常产蛋曲线具有上升速度快、下降速度慢、产蛋损失不可补偿特点。开产后产蛋迅速增加，此时产蛋率在每周成倍增长，在产蛋第6或7周，达产蛋高峰(产蛋率90％以上)，并维持数周，高峰过后，产蛋曲线下降十分平稳，呈一条直线，一般每周下降0.5％，直到72周龄产蛋率下降至65％～70％。在产蛋过程中，如因饲养管理不当或疾病等应激引起的产蛋下降，产蛋率低于标准曲线是不能完全补偿

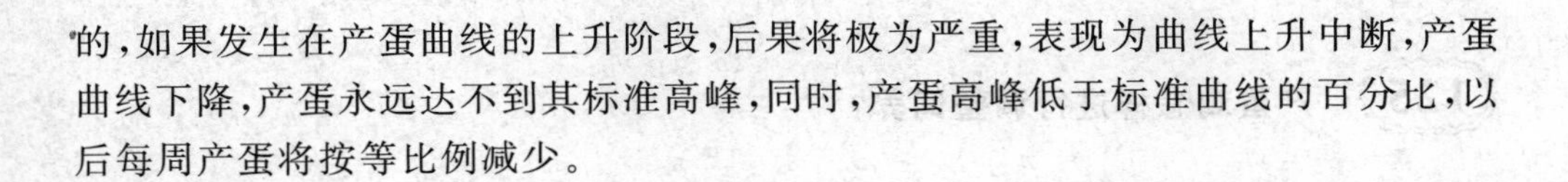

的，如果发生在产蛋曲线的上升阶段，后果将极为严重，表现为曲线上升中断，产蛋曲线下降，产蛋永远达不到其标准高峰，同时，产蛋高峰低于标准曲线的百分比，以后每周产蛋将按等比例减少。

123 产蛋量突然下降的原因有哪些？

（1）环境因素　产蛋鸡群对环境应激十分强烈，其中尤以光照、温度、通风最为明显。如鸡舍突然停止光照、缩短光照时间、减少光照强度等都可使产蛋量突然下降。温度突然升高或降低，如夏季出现持续闷热天气，舍内形成高温、高湿环境，或突然遭受大风、寒流、热浪袭击，会使鸡群采食量普遍下降，产蛋量也随之下降。通风不良，舍内空气混浊，氨味太浓，亦可引发产蛋量下降。

（2）饲养管理因素　饲喂方面如蛋鸡喂料不足、饲料配方存在问题、饲料质量不过关、突然换料，管理方面如鸡群突然受惊，长时间断水，饲养人员更换不同颜色的衣服，随意更改操作程序，接种疫苗和饲喂驱虫药物造成的应激，都会引起蛋鸡产蛋量突然下降，甚至不产蛋。

（3）疾病因素　急慢性传染病会使鸡群的产蛋量突然下降。如鸡群受强毒型新城疫侵袭，常使产蛋量下降50%以上，感染减蛋综合征能使产蛋率下降20%～40%，感染白冠病，产蛋率下降10%～40%不等。

（4）蛋鸡休产日同期化　在鸡群产蛋处于相对平稳的状态下，如果某一天休产的鸡突然增多，就会出现产蛋量突然下降的现象，但这种现象一般会在很短的时间内，恢复到原来的产蛋水平。

124 产蛋鸡怎样进行阶段饲养？

阶段饲养是根据鸡群的产蛋率和周龄将产蛋期划分为几个阶段，不同阶段喂给不同营养水平的日粮，这样既满足了鸡群的营养需要，又节约了饲料。生产中一般采取三阶段饲养法。开产至40周龄（产蛋率80%以上）为第一阶段，40～60周龄（产蛋率70%～80%）为第二阶段，60周龄以后（产蛋率70%以下）为第三阶段。日粮中蛋白质水平按一、二、三阶段依次降低，分别为17%、16.6%、15%。能量浓度在第二阶段可以在不控制采食量条件下适当降低，第三阶段在降低饲料能量浓度的同时对鸡群进行限制饲养，以免鸡过肥而影响产蛋。阶段饲养法，日粮中蛋白质等营养水平先高后低，符合鸡的产蛋曲线规律和我国蛋鸡饲养标准。

125 产蛋鸡怎样进行调整饲养？

调整饲养是根据环境条件和鸡群状况的变化，及时调整饲料配方中各种营养物质的含量，使鸡群更好地适应生理及产蛋的需要。

(1)按产蛋曲线调整饲养　调整的原则：上高峰时要“促”，饲料营养先行；下降时应“保”，饲料营养后降。具体调整方法是：在鸡群产蛋高峰上升期，当产蛋率还没上升到高峰时，需要提前更换为高峰期饲料，以促进产蛋率的快速提高；在产蛋率下降期，为减缓产蛋率的下降速度，要在产蛋率下降1周后再更换为产蛋后期料。

(2)按季节温度变化调整饲养　环境温度对鸡的采食量及产蛋水平有较大的影响。在适宜的温度条件下，鸡有正常的采食量。而当冬季环境温度低时，鸡的采食量增大，营养物质摄入量增加，因此，需要提高饲料中能量水平以抑制采食；夏季环境温度高时，鸡的采食量下降，营养物质摄入量减少，此时需降低饲料能量含量以促进采食，同时增加其他营养物质浓度。

(3)按鸡群状况调整饲养　当对鸡群采取一些管理措施或鸡群出现异常时应进行调整饲养。比如出现啄羽、啄肛等恶癖，可以增加饲料中粗纤维含量；鸡群发病时，可提高蛋白质含量1%～2%，多种维生素含量提高0.02%；在接种疫苗后1周内，日粮中蛋白质含量增加1%；断喙前后3天，每日向饲料中添加维生素K，减少出血；当育成鸡体重达不到标准时，在转群后(18～20周龄)提高饲料蛋白质和能量水平，使体重尽快达到标准。

126 产蛋后期怎样进行限制饲养？

在产蛋后期，为防止母鸡过肥影响产蛋，限制母鸡饲料量。对产蛋鸡应在产蛋高峰过后两周开始实行限制饲喂。将每100只鸡的每天饲料量减少230 g，连续3～4天，如果饲料减少没有使产蛋量下降很多，则继续使用这一给料量，并可使给料量再减少些。只要产蛋量下降符合标准曲线，这一方法可以持续使用下去，如果下降幅度较大，就将给料量恢复到前一个水平。正常情况下，限制饲喂的饲料减少量不能超过8%～9%。

127 怎样防止产蛋鸡的热应激？

鸡皮肤无汗腺，体温高，因而鸡只通过蒸发散发的热量有限，只有依靠呼吸散热。所以，高温对鸡极为不利，当环境温度高于 37.8℃时，鸡有发生热衰竭的危险，超过 40℃，鸡很难存活。由于成年鸡有厚实的羽毛，皮下脂肪形成良好的隔热层，能忍受较低的温度。产蛋适宜温度为 13～20℃，其中 13～16℃产蛋率最高，15.5～20℃饲料报酬最好。

(1)充足的饮水　夏季鸡的饮水量成倍增加，不可断水，保证每只鸡饮到清洁水。可在饮水中添加多种维生素、食用小苏打及抗应激药物来增强鸡的抗应激能力。

(2)人工降温　在每日高温阶段，用低浓度、无刺激性的消毒药进行带鸡喷雾 1～2 次，能有效地起到防暑、降温、消毒、清洁环境卫生的作用。

(3)蒸发降温　通过水蒸发来吸收热量，达到降低空气温度的目的。可在屋顶安装喷水装置，可降低舍温 1～3℃，“湿垫-风机”降温系统可使外界的空气通过水帘装置降温 3～5℃。

(4)加强通风　增加鸡舍内空气流量和流速来对流降温。保证所有通风设备正常，或在鸡舍中安装风扇或吊扇，并在夜间连续通风，使鸡凉爽，有助于补偿和刺激鸡第二天采食。

(5)调整饲料成分　适当降低日粮能量水平，减少鸡采食量降低的影响；少喂勤添，早晚气温较凉时添加饲料；使用破碎料或颗粒料，提高适口性；合理使用抗应激药物及一些营养性添加剂。

(6)其他措施　减少鸡的饲养密度；鸡群的免疫、转群等工作安排在早晨或晚间凉爽时进行，以减少额外应激；及时清粪。

128 怎样防止产蛋鸡的冷应激？

冷应激通常是指鸡对突然温度下降(一般在 10℃以上)的环境刺激或是长期处于低温环境下(4℃以下)所产生的一系列生理或病理反应，损失大小取决于应激反应的强弱和鸡对寒冷应激的适应性。

(1)做好鸡舍保温　封闭鸡舍除进风口以外的所有缝隙；鸡舍前后大门夜间需挂上棉门帘，以利于鸡舍保温；条件允许时，采用烟道取暖。

(2)防潮除湿　保持鸡舍干燥，勤换垫草；及时清除鸡粪，减少因其中水分蒸发等造成的舍内湿度的增加；舍内放置生石灰可起到吸湿的作用。

(3)增加饲料营养　在保证鸡群采食到全价饲料的基础上，增加高能量的饲料比例，提高日粮代谢能水平，使鸡群有很好的抗寒力。早上开灯后，尽快喂料，晚上关灯前把鸡喂饱。

129 怎样控制蛋鸡舍空气湿度？

在环境温度适宜时，湿度对鸡体的热调节功能没有大的影响，因而对生产性能影响也不大，只有在高温或低温时有影响。在高温高湿(湿度高于72%)环境中，鸡舍如同蒸笼，鸡体热不易散发，食欲减退，生长缓慢，抵抗力减弱。当舍内高温低湿(湿度低于40%)，鸡舍燥热，鸡体水分大量散失，易患呼吸道疾病。当舍内低温高湿，鸡舍内又潮又冷，鸡维持需要增加，体热量散失多，容易发生感冒和胃肠疾病。鸡体能适应的相对湿度为40%～72%，最佳湿度为60%～65%。当鸡舍内湿度太低时，向地面洒水可以提高室内湿度，当舍内湿度太高时，可加大通风量，经常清粪，或在鸡舍内放一些吸湿物来降低湿度。

130 怎样降低鸡舍恶臭和有害气体？

现代养鸡生产中，鸡群排出的粪便及其产生的恶臭、呼吸产生的二氧化碳以及饲料中的含氮物分解出氨气和硫化氢等有害气体，危害鸡群健康，生产性能下降，污染鸡场周围环境。生产实践中，除了做好一般的管理措施，如及时冲粪、防潮防湿、通风换气、控制饲养密度和绿化环境等，还可采取以下措施：

(1)提高饲料消化率　选用消化率高的饲料原料，或者通过对饲料进行合理加工(如制粒和膨化)来消除一些抑制蛋白质消化的抗营养因子，能降低排泄物中蛋白质的残留，从而减少腐败分解所产生的有害气体。

(2)使用EM制剂　这是一项环保养殖新技术。EM制剂是一种由光和细菌、放线菌、酵母菌、乳酸菌等多种微生物复合培养而成的有效微生物群，可在鸡群肠道内建立优势菌群，不仅能提高鸡的增重、防病和改善产品质量，还有除臭效果。

(3)添加酶制剂　饲料中添加酶制剂可以消除相应的抗营养因子，补充鸡的内源酶，可提高蛋白质和碳水化合物的利用率，使粪便中氮的排泄量减少，从而改善舍内的空气质量，并节约饲料。在肉鸡日粮中使用植酸酶可降低排泄物中50%的磷。

(4)添加中草药除臭剂　很多中草药具有除臭作用，常用的有艾叶、苍术、大青

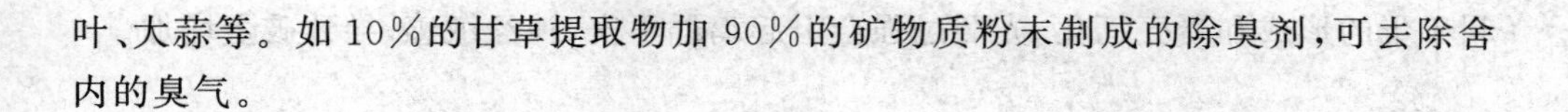

叶、大蒜等。如 10%的甘草提取物加 90%的矿物质粉末制成的除臭剂,可去除舍内的臭气。

131 蛋鸡舍通风方式有几种?

(1)自然通风　开放式鸡舍一般采用自然通风,空气通过通风带和窗户进行流通。在高温季节仅靠自然通风降温效果不理想。

(2)机械通风　即依靠机械动力,对舍内外空气进行强制交换,分为正压通风和负压通风。目前大多采用纵向通风,风机全部安装在鸡舍一端的山墙(一般在污道一边)或山墙附近的两侧墙壁上,进风口在另一侧山墙或靠山墙的两侧墙壁上,鸡舍其他部位无门窗或门窗关闭,空气沿鸡舍的纵轴方向流动。

纵向负压通风。利用轴流式风机将舍内污浊空气强行排出舍外,在舍内造成负压,新鲜空气从进风口自行进入鸡舍。负压通风投资少,管理比较简单,进入鸡舍的气流速度较慢,鸡体感觉比较舒适,成为广泛应用于封闭鸡舍的通风方式。

纵向正压通风。风机将空气强制输入鸡舍,而出风口作相应调节,以便出风量稍小于进风量而使鸡舍内产生微小的正压。通常是将空气通过纵向安置在鸡舍的风管送风到鸡舍内的各个点上。全重叠多层养鸡通常要使用正压通风(图 5-5)。

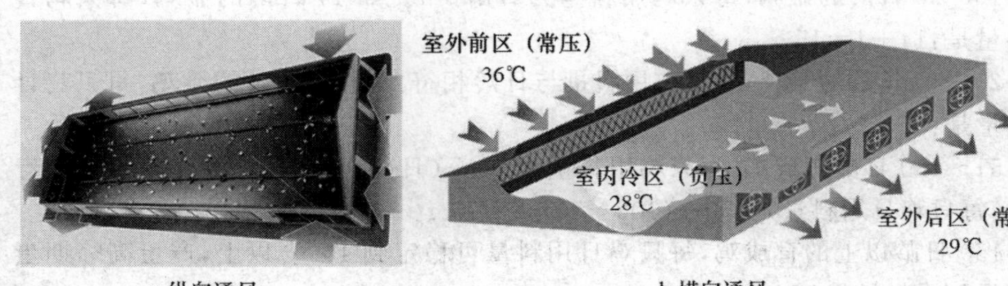

a.纵向通风　　b.横向通风

图 5-5　机械通风

132 光照对产蛋鸡有什么影响?

光照的时间和强度对产蛋鸡的影响是很大的。光照能作用于鸡丘脑下部,引起卵泡刺激素和排卵激素的分泌,刺激母鸡排卵。在适宜的光照强度下,光照时间越长,产蛋性能就越好,一般蛋鸡光照时间维持在 16～17 小时为宜。光照时间过短,产蛋下降,严重的还会脱毛,光照时间过长,会使鸡产生产蛋疲劳症,造成鸡只瘫痪,丧失产蛋性能。蛋鸡产蛋期间的光照强度以 $1m^2$ 面积 10 lx(或 3 W)为好,有利于蛋的形成和蛋壳钙化，光照过强会引起鸡群不安，神经敏感，导致破蛋增加。

133 怎样控制产蛋鸡光照？

当20周龄鸡的体重已达到标准体重时，即可开始增加光照，每周增加0.5～1小时，直至每日光照增加到16小时，以后恒定至鸡淘汰为止。如果是密闭式鸡舍，可在19周、每天8小时光照的基础上，20～24周龄每周增加1小时，25～30每周增加0.5小时，直至每天光照时间达16小时为止。开放式鸡舍需要人工补充光照，一般采用早晚两头加光，每天早晨6点开灯，日出后关灯，日落时再开灯，晚上10点再关灯。鸡舍一般采用40 W灯泡，灯泡离地面1.5～2 m，灯间距在3 m左右，并使用灯罩，每周擦拭灯泡1次，食槽、饮水器尽量放在灯泡下方，以便于鸡的采食和饮水。总之，产蛋鸡的光照时间只能延长，不可缩短，光照强度不可减弱。

134 怎样计算产蛋鸡每天采食量？

10日龄前的雏鸡，每只鸡用料量为日龄＋2。如8日龄的雏鸡，每只鸡日用料量是：8＋2＝10 g。

10～20日龄的雏鸡，每只鸡用料量为日龄＋1。如14日龄的雏鸡，每只鸡日用料量是：14＋1＝15 g。

20～50日龄的雏鸡，每只鸡用料量与日龄相符。如30日龄的雏鸡，每只鸡日用料量是：30 g。

51～150日龄育成鸡，每只鸡用料量为50＋(日龄－50)/2。如100日龄的青年鸡，每只鸡日用料量是：50＋(100－50)/2＝75 g。

150日龄以上的育成鸡，每只鸡日用料量可稳定到100 g以上，产蛋高峰期蛋鸡每天日用料量是120 g左右。

按照此计算方法投料，一只鸡到150日龄累计耗料8.84 kg，蛋鸡一年的用料量36.5 kg，可基本满足产蛋鸡的需要，同时也避免了浪费。

135 产蛋前期有哪些饲养管理措施？

产蛋前期是指从开始产蛋到产蛋高峰的时期(21～26周龄)。这个时期产蛋率上升很快，每周以10％～20％的幅度上升，同时鸡的体重和蛋重也在增加。体重每天增加4～5g，蛋重每周增加1g左右。如果营养跟不上，鸡发育延缓，产蛋性能得不到充分发挥，难以达到产蛋高峰，即使达到高峰持续时间也短。

(1)保持体重　产蛋鸡的增长要符合标准,具备强健的体质,才能适时开产。因此,应定期称重,监测体重情况。如果体重低于品种要求,或超过标准,则需要采取措施,改变饲养方式或饲料中蛋白质的含量,以保持鸡的体况。

(2)增加光照　实行产蛋期光照制度,增加光照时间,以促使鸡性成熟、开产。对于体重达标的,增加光照速度可快些,而体重未达标,应首先让鸡的体重迅速达到标准体重,然后再增加光照。

(3)补钙和更换饲料　更换成蛋鸡饲料,满足鸡的营养需要,使营养水平赶在产蛋率上升的前边,不至于因饲料营养水平不够而使鸡群达不到产蛋高峰。饲料中钙的含量添加至3.5%,保证蛋壳对钙的需要。

(4)加强卫生防疫　定期带鸡消毒,在饮水或饲料中加入一些添加剂,避免鸡群因病影响其产蛋能力。

136 产蛋高峰期有哪些饲养管理措施?

当鸡群的产蛋率上升到80%时,即进入了产蛋高峰期。一般在28周龄产蛋率可达90%以上,正常情况下,产蛋高峰可维持6个月。当产蛋率降到80%以下时,产蛋高峰期便结束了。此期母鸡的新陈代谢和生殖功能都很旺盛,摄入的营养大部分用于产蛋,抗应激能力很弱,蛋重变化不大,母鸡体重略有增加。

(1)满足营养需要　当营养不足时,母鸡用自身的营养来维持高产,会造成高峰期缩短,影响鸡的整体产蛋。此期应给予优质的蛋鸡高峰料,饲料能量水平为11.51 MJ/kg,粗蛋白质水平为16.5%,钙含量3.5%,有效磷0.45%。

(2)保证光照时间　每天维持16小时光照时间,对性腺活动有明显刺激作用,可以增加产蛋率。

(3)注意产蛋曲线的波动　通过观察产蛋曲线,可了解鸡的采食量、蛋重、产蛋率和体重的变化,从而掌握饲喂制度是否合理。鸡的体重不减轻,产蛋率和蛋重正常,说明给料量和营养标准符合鸡的生理需要,不应更换饲料配方和改变饲喂方法。

(4)防止应激　鸡是敏感动物,任何应激都可以引起鸡群的惊恐而使产蛋率下降。此期要避免进行免疫驱虫,饮水要充足卫生,不随意改变饲料,稳定操作程序。

137 产蛋后期有哪些饲养管理措施?

从周平均产蛋率80%以下至鸡群淘汰,称为产蛋后期(60～72周龄)。此期产蛋率逐渐下降,每周下降0.5%左右,蛋重相对较大,母鸡容易变肥,对钙的吸收率降低,蛋壳变薄,死淘率明显上升,部分鸡开始换羽。

(1)限制饲养,控制体重　一是减少饲喂量,饲料减量不超过自由采食量的8%~9%。二是在鸡群产蛋率持续低于80%的3~4周以后,开始降低蛋白质含量1%~2%,钙由原来的3.5%提高到4%,有效磷水平下降到0.35%,尽量减少脂肪的沉积。

(2)淘汰停产鸡　通过外貌观察、输精时翻肛、触摸腹部容积等操作,及时挑出过肥、过瘦、换羽停产鸡淘汰,以节省饲料。

(3)增加光照时间　全群淘汰之前3~4周,适当地增加光照时间达17小时,可刺激多产蛋。

(4)加强防疫　监测鸡群抗体水平,对抗体水平较低的鸡群进行免疫接种,增强鸡群抗病能力。适当投服一些中草药制剂,降低输卵管炎症(如脱肛、砂皮蛋)的发生。

138 产蛋鸡的日常管理工作有哪些?

饲养员按时完成各项工作(表5-6),并做好生产记录报表(表5-7)。

表5-6　蛋鸡饲养员一日工作程序

时间(上午)	工作程序	时间(下午)	工作程序	时间(晚上)	工作程序
晨6:00	起床:开灯,开水,查鸡群情况	午2:00~3:00	喂料,观察鸡群	晚9:00	匀料,观察水槽,调整水槽,除粪
6:30~7:30	喂料	3:00~4:00	备料	10:00	关灯,关水,睡觉
7:00~7:30	清除鸡笼粪便,匀料	4:00~4:20	工间休息		
7:30~8:00	早饭	4:20~5:20	集蛋,清扫		
日出	关灯	5:20~5:40	带鸡消毒		
8:30~10:00	洗水槽,匀料,捡蛋,观察鸡群	5:40~6:00	匀料		
10:00~10:20	工间休息	6:00~6:20	交蛋		
10:20~11:00	集蛋,观察鸡群	6:20	晚饭		
11:00~12:00	备料	日落	开灯		
12:00~2:00	午饭,休息				

表 5-7 蛋鸡生产日报表

日期	日龄	存栏/只	死淘/只		产蛋数/枚			产蛋率/%	产蛋量/kg	耗料量/kg
			淘汰	死亡	完好	破损	小计			

139 怎样观察产蛋鸡健康状况？

喂料时和喂完料后是观察鸡只精神健康状况的最好时机，有病的鸡往往不上前吃料，健康的鸡在刚要喂料时就要出现骚动不安的急切状态，上料后埋头快速采食。

一看鸡群的精神状态。在清晨舍内开灯后观察，健康鸡羽毛紧凑，冠脸红润，活泼好动，反应灵敏，越是产蛋高的鸡群，越活泼。若出现不愿采食，则可以通过观察鸡冠颜色和羽毛，淘汰或单独隔离治疗。夜间熄灯后倾听鸡有无呼吸道疾病的异常声音，如发现有呼噜、咳嗽、甩鼻，应及时挑出隔离或淘汰，防止大群感染。

二看鸡群的排粪情况。鸡的正常粪便有两种，一种是粪便的周围或顶尖带有白色的尿酸盐沉积，是机体蛋白质代谢的产物，后经肾脏排出并覆盖在上面。另一种是褐色半粥样粪便，这种粪便也叫溏鸡粪，是鸡盲肠内的粪便，一般在清晨排出较多。在高温下，蛋鸡饮水增加，粪便稍稀软。饲喂青绿饲料较多的蛋鸡，粪便略呈淡绿色，喂黄玉米较多的蛋鸡，粪便则呈黄褐色，所有这些均属正常粪便。病理状态下的蛋鸡粪便则有如下特征：粪便中带有大量尿酸盐，可能是肾脏有炎症或钙磷比例失调、痛风等；黄曲霉毒素、食盐过量、副伤寒等疾病则排水样粪便；粪便带血可能是混合型球虫感染；黑色粪便可能是肌胃或十二指肠出血或溃疡；急性新城疫、禽霍乱等疾病排绿色或黄绿色粪便。

三看产蛋情况。注意每天产蛋量和破损率的变化是否符合产蛋规律，如当天产蛋的多少、蛋的大小、蛋形、蛋壳光滑度、破损率、蛋壳颜色等。

四看有无啄肛、啄蛋、啄羽鸡。一旦发现，要把啄鸡和被啄鸡挑出隔离，分析原因找出对策。对严重啄蛋的鸡要立即淘汰。

140 怎样挑选低产鸡和停产鸡？

挑选出低产鸡和停产鸡，不仅能节约饲料，降低成本，还能提高笼位利用率。

(1)体貌特征鉴别　高产鸡外形发育良好，体质健壮，头宽深而短，喙短粗微弯曲，结实有力。低产鸡一般头部窄而长，似乌鸦头，喙细长，眼睛凹下，身体狭窄，腹部紧缩。同时，高产鸡开始换羽时间较晚，而低产鸡换羽时间较早。

(2)外貌鉴别　高产鸡冠和肉垂丰满、鲜红，有温暖感，肛门大而扁、湿润。低产鸡或停产鸡冠萎缩，颜色苍白，无温暖感，肛门小而圆、干燥。

(3)手指触摸估测　高产鸡腹大柔软，皮肤松弛，耻骨与胸部龙骨末端之间可容下一掌，耻骨间距大，可容 3～4 指。低产鸡或停产鸡腹部紧缩，小而硬，龙骨末端与耻骨距离容 2～3 指，两个耻骨间距小，仅容 1～2 指(图 5-6)。

图 5-6　判断腹部容积

141　怎样减少饲料浪费？

饲料成本占整个养鸡成本的 2/3 左右，一般饲料浪费约占全年饲料总量的 5%。饲料浪费的原因是多方面的，生产中可采取针对性的措施。

(1)防止饲料污染　饲料要存放到通风、干燥、避光的地方，防止饲料氧化、霉烂变质，防鼠、鸟偷食。

(2)饲喂全价饲料　营养要全面，原料种类多样化，在配料时要按鸡的品种、日龄大小、公母、用途等来确定饲料中的营养成分比例，尽量满足鸡在各个阶段对营养物质的需要。

(3)料槽结构合理　防止饲料被掀到槽外，喂料时少喂勤添，一次投料量不超过料槽深度的 1/3。

(4)防止寄生虫　放养鸡往往因吃到有寄生虫卵的污泥、浊水、污物而感染寄生虫，营养物质进入鸡体后被寄生虫吃掉，浪费粮食。

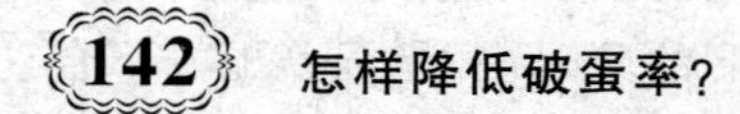

怎样降低破蛋率？

产生破蛋的原因，一是饲料中钙、磷的含量不当，二是环境温度影响蛋壳质量，三是鸡的年龄、品种、疾病和某些药物影响蛋壳质量。生产中，鸡群随着产蛋率的上升，钙的需求量增大，因而要满足钙和维生素 D_3 的需要，同时要掌握好钙、磷比例。保持产蛋舍的安静，勤捡蛋，避免蛋道的互相碰撞，搬运蛋的动作要轻，鸡笼底弹性要好。保持鸡群健康不发病，减少应激因素发生。高温季节，在饮水中补充小苏打（食用级），既能减轻鸡的热应激，又能够提高蛋壳的质量。

143 怎样防止应激对鸡群的危害？

养鸡生产中存在多种应激因素，如鸡只捕捉、转移、饲养管理技术规程突变等，严重地影响鸡群的健康和生产力。引起鸡体产生应激的因素称为应激因子，应激因子越多、越强烈，对鸡群的危害越大。鸡对单一应激的耐受力比多重应激或严酷应激强。防止应激的途径有：

（1）保持鸡舍稳定性　按鸡舍一日操作程序进行饲养管理，固定饲养人员、饲喂方法和饲喂时间；不能缺水或断料；饲料原料及配方不随意改变。

（2）创造适宜的生活环境　温度不能过高过低，特别是缓解高温应激；光照时间和强度不能随意减少和降低；鸡舍通风良好，空气新鲜。

（3）防止惊群　任何异常响动都会引起鸡的惊群，要尽量保持鸡舍安静。

（4）饲喂添加剂　如日粮中添加维生素 C 有助于缓解热应激；在饮水或饲料中添加 $NaHCO_3$（小苏打）、$KHCO_3$、NaCl、KCl 等电解质，可维持酸碱平衡，缓解热应激；杆菌肽锌、阿散酸、酶制剂等，能促进营养物质的消化吸收，增强蛋鸡抗病力，有抗应激作用。

（5）中草药　某些天然中草药有抗应激效果。如石膏、黄芩、柴胡、荷叶、板蓝根、蒲公英、白头翁等，可缓解热应激；山楂、麦芽、神曲等，可维持正常食欲，提高机体抵抗力。

144 什么原因导致蛋鸡脂肪肝？

脂肪肝多发生在母鸡的产蛋高峰期和高产鸡群中，母鸡突然产蛋量明显下降，突然死亡，肝破裂及肝脂肪变性。

(1)营养过剩　这是导致脂肪肝的最主要因素。脂肪在肝细胞内的过量沉积，严重影响肝脏生理功能，引起肝脏肥大。造成营养过剩的原因：一是饲养配方不合理，营养浓度过高，尤其是能量过高，多余的能量物质就逐渐转化成脂肪并沉积下来；二是营养物质的比例不适宜，如饲料中蛋白能量比不合适，能量过高，不能充分利用。

(2)营养缺乏　当饲料中氯化胆碱、维生素 E、维生素 B_{12} 和蛋氨酸等缺乏时，母鸡在肝脏加工或转化成的脂肪运不出去，就沉积在肝细胞内，形成脂肪肝。

(3)运动不足　蛋鸡养殖几乎都是全程笼养，饲养密度大，空间小，限制了鸡的运动，多余的能量就会积聚在体内，尤其是在肝脏内，形成脂肪储存起来。

(4)雌激素的影响　产蛋是一种生殖行为，产蛋量多少与雌激素的数量和活性高低密切相关，而雌激素能促进肝脏脂肪的合成和沉积。

145 影响蛋重的因素有哪些？

(1)遗传及品种　蛋重受遗传因素影响较大，遗传力较高。不同品种和品系的产蛋鸡，蛋的大小是有差异的。一般中型蛋鸡比轻型蛋鸡产的鸡蛋大，褐壳蛋系的蛋重大于白壳蛋系。

(2)生理因素

开产日龄。开产日龄越小，一生所产的蛋重都偏小，而且没法弥补；反之，开产日龄愈大，中后期产的蛋愈大。生产实践中如果以提前开产的鸡群占多数，其主要原因是光照程序和育成鸡的体重没有控制好。

开产体重。开产体重较轻通常是引起开产初期蛋重较小的重要因素。要想达到标准蛋重，必须使母鸡开产时的体重达到品种规定的标准体重。

性成熟和季节。性成熟时鸡体重大，开产后蛋也大，早熟的小母鸡不利于提高蛋重。冬春季节性成熟比夏秋季节性成熟的蛋重大，这与光照制度和母鸡的采食量有关。

产蛋周龄。蛋重随年龄变化的一般规律为：母鸡刚开产时蛋重较小，约为标准蛋重的 80%，随着年龄的增加，蛋重迅速增加，至开产后 18 周(约 300 日龄)达到标准蛋重，以后蛋重平缓增加，逐渐接近蛋重极限，72 周龄时约为标准蛋重的 108%。

(3)营养因素

能量。生长期适当提高能量水平，可提高产蛋初期和前期的蛋重，原因是开产时母鸡的体重和体能的贮备较为充分。

蛋白质和氨基酸。过低的蛋白质水平不但影响蛋重而且影响产蛋率，氨基酸

不足会减小蛋重。

饲料中亚油酸含量。提高日粮中亚油酸含量可以增加蛋重。在亚油酸含量不足1%的日粮中添加植物油，可明显提高蛋重，但在选用50%以上的优质黄玉米的日粮中，不会缺乏亚油酸。

(4)环境和管理　夏季和高温时，蛋重偏小，冬季蛋重偏大(主要是热应激影响鸡的采食量和正常生理代谢)。舍内温度超过25℃，每增加1℃，蛋重减轻1%。冬季鸡舍内温度低于10℃不利于提高蛋重(原因是母鸡维持需要增加)。秋季和冬季初期性成熟的鸡产的蛋较重。改变一日内的光照时间也可以改变蛋的大小，早晨提早光照可以增加蛋重。

(5)蛋鸡的健康状况　鸡群抗体水平低，免疫力低下，供水不足，用药不当(产蛋期禁用痢特灵、磺胺、喹乙醇)等会使蛋重减轻。突然应激(包括恐吓)会使蛋重不规律。

146 怎样防止产蛋鸡过早换羽？

换羽是鸡的一种自然生理现象，与内分泌有关，由于卵巢机能下降而使雌性激素分泌不足，结果引起卵泡萎缩，同时甲状腺可分泌促进羽毛生长的甲状腺激素，甲状腺激素显著增加。这些激素分泌的不平衡，诱导蛋鸡停产、更换新羽。打乱光照制度、气温突变、产蛋期间免疫不当、断水断料、日粮中含钙过高等，都可引起鸡群不该发生的过早换羽现象，可使产蛋率降低到30%～40%。生产中，开产后应力求保持稳定的饲养环境，尽量减少对鸡群的应激影响，每天钙的摄入量不宜超过4.2g，增加光照时间刺激脑垂体。

147 如何控制蛋鸡开产日龄？

母鸡开产日龄的计时法有两种，一种是从初生雏孵出起，到产第一个蛋止，这段时间的天数，这种方法母鸡必须是单笼饲养进行个体记录；另一种是按全群产蛋率达50%时计算该鸡群的开产日龄，这种方法可以衡量鸡的早熟程度和饲养管理水平。50%产蛋率达到日龄时间愈长，说明开产日龄晚，或鸡的品种不好或饲养管理水平低，经济上不合算。如果鸡开产过早，蛋重偏小，还会出现早衰现象，提前停产，同时，由于鸡本身发育不良，容易出现难产、啄癖等发生。所以，开产日龄的早晚要适当控制。开产日龄的早晚与鸡的品种、遗传、饲养管理、孵化季节等均有关系。一般来讲，轻型的白壳蛋鸡成熟早，中型褐壳蛋鸡成熟较晚，经过不断选种可以提高性成熟。控制母鸡开产日龄，一是控制饲料喂量，或适当推迟产蛋鸡的饲料更换，二是控制育成鸡光照时间，一旦发现鸡群见蛋过早，应稳定光照或适当缩短光照，过一段时间后再缓慢增加。

148 何时是蛋种鸡公母鸡合群适宜时机？

种鸡群在育成期公母分开饲养，自然交配时公母鸡混群时间最迟不能超过18周龄，以保证在开产前公母鸡相互熟悉，公鸡建立群体位次。合群时间最好选在晚上进行，以减少应激。

149 如何收集和管理种蛋？

蛋鸡的蛋重达50 g时才能开始收集种蛋。种蛋蛋重过小，孵出的雏鸡体重也小。种蛋留种时间以28～56周龄为好，能保证有较高的合格率、孵化率和健雏率。

平养的种鸡每天应捡蛋4次，并及时清理蛋窝内粪便或更换垫草，以减少脏蛋。笼养种鸡每2小时捡蛋一次，以减少破损蛋和防止细菌污染。脏蛋、破蛋、畸形蛋等要剔出，单独收集处理。每栋鸡舍一端应设一个小型种蛋熏蒸消毒柜，将拣出的种蛋及时用福尔马林熏蒸消毒，以杀灭蛋壳上的病原体，然后再交往种蛋库进行保存，要注意保存温度、保存湿度和保存时间。

150 种鸡如何检疫与疾病净化？

种鸡群的任务是向客户提供优质、健康无病的鸡种，不管哪一级的种鸡场每年都要对通过种蛋垂直感染的疾病进行检疫和净化，如鸡白痢、大肠杆菌、白血病、支原体、脑脊髓炎等。通过检疫淘汰阳性个体，留阴性的鸡做种用，能大大提高种源的质量。

鸡白痢是导致我国商品代鸡群死淘率高的重要因素之一，造成巨大的经济损失。在我国，原种场、祖代场对此病进行了严格检疫，基本上控制了该病的发生和流行，但在父母代鸡场和商品代鸡场阳性率仍较高。全血平板凝集试验法操作简便，反应较快，在生产实践中应用最广。许多鸡场在做净化的同时，还采用不饲喂动物性饲料（如鱼粉、肉骨粉）等办法，净化效果很好。

 种公鸡的特殊管理措施有哪些?

(1)育雏期　这阶段是种公鸡饲养的关键时期,小公鸡代谢旺盛,生长发育迅速,因此营养要全面。饲喂育雏全价饲料,采用自由采食。1日龄应剪冠,防止成年种公鸡的鸡冠影响视线、活动、饮食和配种。7～8日龄断喙,公鸡的喙要比母鸡留的长,断掉喙尖即可。公鸡密度要尽量小些,以增加公鸡的活动空间,使其有强壮的体质。4周龄开始抽测体重,参照体重标准,要求均匀度达到85%以上。在7周龄时对公鸡进行第1次选种,选留个体发育良好、冠髯发育明显的公鸡。这时种公鸡和母鸡的比例为1∶(10～15)。

(2)育成期　育成期公鸡消化机能健全,采食量增加,骨骼和肌肉处于网上的生长时期,此期公母要分开饲养,最好能平养,以锻炼公鸡的体质。笼养时则要特别注意密度要小,饲料改用育成鸡料,使体重达到标准或高于标准体重范围10%以内。10周龄以后,种公鸡的睾丸开始发育,此期间体重下降会影响睾丸的发育和以后精子的产生,因此,公鸡要每星期测体重1次,将超重与体重不足的分别饲养。在18～20周龄期间转入公鸡单笼饲养,同时结合上笼时间进行第2次选留,选择体重符合品种标准、鸡冠红润、眼睛明亮有神、羽毛有光泽、发育良好、腹部柔软、按摩背部与尾根时尾巴自然上翘、有性反射的健康公鸡,选留公母比例为1∶(20～25)。

(3)配种前期　此期管理要点是确保稳定增重,肥瘦适中,使性成熟与体成熟同步,要保持各周龄体重在饲养标准的范围内。24周龄开始对种公鸡进行采精训练,每天1次货隔天1次,连续进行两星期,选留性反射良好、乳头突起大而鲜红可充分外翻、并有一定精液量的公鸡。选留的公母比例为1∶(30～40)。

(4)配种期　在28～30周龄时,公鸡的睾丸充分发育,受精率达到高峰,到45周龄左右,睾丸开始衰退变小,精子活力和精液品质下降,受精率下降,其下降速度与公鸡的营养状况和饲养管理条件好坏有关。此期饲养管理的重点是提高种公鸡饲养品质,饲料要改用公鸡专用料,日粮中含16%粗蛋白、11.29 MJ/kJ代谢能,添加充足的微量元素和维生素,以提高种蛋受精率。另外,要加强对公鸡的日常观察,及时把冠髯色泽灰暗及肛门颜色浅的公鸡淘汰,应每月检查一次体重,凡体重降低100 g以上的公鸡,应暂停采精,或延长采精间隔,并另行饲养,以使公鸡尽快恢复体质。

152 如何提高种蛋合格率?

蛋种鸡蛋重在50～65 g为宜,蛋重过大、过小及各种畸形蛋均影响孵化率。因此,饲养种鸡不仅要考虑提高产蛋量,还要考虑提高种蛋合格率与受精率。提高种蛋合格率的措施主要有以下几方面:

(1)提供全价日粮　除了满足能量和蛋白质的需要外,更要注意影响蛋壳质量的矿物质元素和维生素的添加,尤其是钙、磷、锰、维生素 D_3,可以有效降低破损率,从而提高种蛋合格率。

(2)提高初产时种蛋合格率　推迟性成熟就会使初产蛋较大,从而提高初产种蛋合格率,增加经济效益。可通过育成期限饲或结合采用适当的光照来实现。

(3)选择优良的品种　公母比适宜,恰当的配种方法,有效的利用年限,提高蛋的受精率。

(4)科学管理　加强饲养员的责任心,把破损率定为饲养员工作质量的指标之一,促进破损率的降低。增加捡蛋次数,剔除不合格的蛋。种蛋及时消毒,合理保存种蛋,有利提高孵化率。防应激,因为各种应激都会使蛋壳质量下降,产生不合格种蛋。防鸡发生啄蛋癖。防疾病,输卵管炎、新城疫、传染性支气管炎和慢性呼吸道病等疾病都会使蛋壳变薄,甚至产软壳蛋。

153 怎样进行鸡人工强制换羽?

蛋鸡自然换羽所需时间很长,需 2～4 个月,在现代化规模养殖中,养殖户通常采用强制换羽,可明显缩短全群的换羽时间,换羽整齐,恢复产蛋时间比较整齐,第二个产蛋期的产蛋量和蛋壳质量也高于自然换羽。强制换羽还可以延长蛋鸡的使用年限,节省培育新母鸡所需的饲料,降低养殖成本。目前经过强制换羽的蛋鸡可饲养到 120 周左右。强制换羽就是人为地给鸡施加应激因素,打乱鸡的正常生活规律,给鸡造成突然性的生理压力,激素分泌失去平衡,血中促黄体素下降,卵巢中雌激素减少,卵泡萎缩,使其停产和换羽。新羽更换完毕,恢复体质,然后重新恢复产蛋。主要有畜牧学法和化学法。

(1)畜牧学法　这是最传统的强制换羽方法,目前使用最普遍、效果最好的方法。通过断水、断料、断光,引起鸡群停产和换羽。具体方法:停水 2 天(夏季停水 1 天),同时停料。在开始前 2～3 天,每天给鸡喂 1 次石粉,每次每只鸡 3～4 g,防止停产前产软壳蛋。第3天起，恢复给水。停料时间以鸡体重下降25%～30%为宜（随机选择几组笼的鸡，每天称重1次），一般需要7～12天（随季节不同而异）。恢复喂料后，可以使用蛋鸡料，也可以使用育成鸡料，待鸡开产后，再换成产蛋鸡料。第1天喂料每只鸡喂30 g，以后每天每只增加10 g，直到恢复正常的采食。停料第1天光照为16小时，第2天为14小时，第3天起为8小时，第40天起，每天增加光照20分钟，直到16小时为止。鸡群当恢复喂料后约18天见第1枚蛋，40～45天产蛋率达50%。

(2)化学法　目前使用最多的是使用为高锌日粮，不停水，不停料，如为开放式鸡舍，就停止补光，在密闭式鸡舍由原来的16小时光照减到8小时光照，8天以后即可恢复原先的光照水平。具体方法：在饲料中添加2%锌（氧化锌或硫酸锌），让鸡自由采食，第2天采食下降一半，1周后采食量下降为平常采食量的1/5，第6天后体重即下降30%以上，相当于停料12天的失重率，从第8天起喂给普通的产蛋鸡饲料。第10天鸡全部停产，3周后即开始重新产蛋。

154 鸡蛋有哪些产品类型？

(1)普通鸡蛋　市场上绝大部分的鸡蛋都属于这类，是以鲜蛋销售为主体产品。

(2)种蛋　包括祖代种鸡和父母代种鸡产的种蛋。

(3)无菌鸡蛋　又称为SPF蛋，即由SPF鸡（即无特定病原鸡，一般指饲养于可控环境中，不能检出国际、国内流行的鸡主要传染病的病原，具有良好的生活力和繁殖性能的鸡群）所产的蛋。目前主要供应给疫苗生产厂家，供生产疫苗使用。

(4)特色鸡蛋　如虫草蛋、蝇蛆蛋、有机鸡蛋、绿色鸡蛋、土鸡蛋、绿壳鸡蛋、乌鸡蛋等，市场销售前景好，值得大力开发。

155 什么是无公害鸡蛋？

无公害鸡蛋是指产地环境、生产过程和最终产品符合国家无公害食品标准和规范，经专门机构认定，按照国家《无公害农产品管理办法》的规定，许可使用无公害农产品标识的产品。

无公害鸡蛋要求鸡蛋中不得检出氯霉素、沙门氏菌，并对重金属、农药等有毒有害物质也有一定的标准，并规定不得超过此标准。鸡蛋生产过程中，要严格执行

《无公害食品蛋鸡饲养兽医防疫准则》《中华人民共和国动物防疫法》《无公害食品蛋鸡饲养兽药使用准则》《无公害食品蛋鸡饲养管理准则》，饲料使用严格遵守《无公害食品蛋鸡饲养饲料使用准则》的规定，使鸡蛋达到《无公害鸡蛋标准》要求，凭“产地检疫证”上市交易。

六、肉鸡生产技术

156 肉用仔鸡有哪些生产特点？

肉用仔鸡是利用现代肉鸡品种(如 AA、艾维茵、明星、狄高鸡等)，采用高蛋白质和高能量日粮进行饲喂，养至 6～8 周，体重达 2 kg 以上即屠宰上市，也叫快大型肉鸡。

(1)生长速度快，饲料转化率高　一般肉用仔鸡出壳时体重约为 40 g，在良好饲养管理条件下，7～8 周龄体重可达 2 500 g 以上，是出壳重的 60 多倍。肉用仔鸡的饲料转化率可达 2∶1的高水平，高者可达(1.72～1.95)∶1。

(2)饲养周期短，资金周转快　国内肉用仔鸡 8 周龄达到上市体重，出场后留 2 周时间打扫鸡舍，每 10 周生产 1 批，一年可生产 5 批。

(3)饲养密度大，劳动效率高　肉用仔鸡性情温顺、安静，不爱活动，很少斗殴跳跃，群居习性好，适于高密度饲养。一般厚垫料平养，每平方米可饲养 12 只左右。在机械化程度较高鸡场，每个劳动力可饲养 1.5 万～2 万只，全年可达到 10 万只水平。专业养殖户采用手工饲养，每人每批可饲养肉鸡 2 000 只，一年可生产肉用仔鸡近万只。

(4)屠宰率高、肉质嫩　肉仔鸡生长期短，肉质较嫩。7 周龄半净膛率可达 89%，全净膛率可达 78%，产肉性能好。

(5)腿病和胸囊肿较多　肉用仔鸡由于早期肌肉生长较快，而骨骼组织相对发育较慢，加上体重大、活动量少，使腿骨和胸骨长期受压，易出现腿部和胸部疾病，严重影响肉品的合格率。

157 肉用仔鸡饲养阶段怎样划分？

为管理方便，一般将肉仔鸡分为育雏期、生长期和育肥期三个阶段。0～3 周龄为育雏阶段，肉仔鸡对环境温度要求严格，饲喂肉小鸡料，蛋白质水平要求较高

(21%～23%)，并含有防病药物；4～6周龄为生长期，肉仔鸡生长发育特别迅速，饲喂肉中期料，蛋白质水平降低而能量增加；7周龄至出栏为育肥期，饲喂育肥料，蛋白质水平更低，但能量水平增加，禁止使用药物和促生长剂。

158 肉用仔鸡怎样初饮和开食？

(1)初饮　雏鸡被运到育雏舍后，稍加休息就应及时让其饮水，特别在长途运输后，体内水分损失较多，适时饮水可补充雏鸡生理所需水分，有助于促进食欲和对饲料的消化吸收。饮水最好在雏鸡出壳后12～24小时内进行。初生雏鸡具有较强的模仿性，初饮时可先人工辅助使雏鸡学会饮水。将饮水器均匀摆放在料桶之间，饮水温度保持在20℃左右，初饮应加入5%葡萄糖或电解多维，水量控制在2小时饮完为宜，并确保所有雏鸡都饮到水。随着肉仔鸡日龄的增加，及时调整饮水器的高度，使饮水器边缘与鸡背相近。

(2)开食　适时开食有助于雏鸡体内卵黄充分吸收和胎粪的排出，对雏鸡早期生长有利。开食是在初饮2～3小时后或待有80%雏鸡有强烈采食欲望时进行。雏鸡开食可直接用全价饲料，将饲料放在消毒过的开食盘或深色塑料布上，少喂勤添，并增加照明，以诱导雏鸡自由啄食。5日龄后可改用料桶饲喂，并随着鸡的生长，保持桶边高度与鸡背平齐，少给勤添。

159 肉用仔鸡需要哪些环境条件？

肉用仔鸡生长快，饲养周期短，生产效益高，但对环境条件要求也较高，养殖户常因饲养环境的不合理导致不必要的损失。

(1)温度　肉用仔鸡1/3的时间需要供暖。肉用仔鸡所需的环境温度比同龄蛋用雏鸡高1℃左右，供温标准为：第1～2天为35～33℃，以后每周下降1～2℃。在生产实际中，通过看鸡施温来判断供温是否适宜。雏鸡养到4周龄后，一般维持环境26℃左右就可以了，这对增重速度和饲料转化率都极为有利。育雏温度必须平稳均匀，特别要防止温度忽高忽低和剧烈变化。

(2)湿度　肉用仔鸡的适宜相对湿度范围是55%～65%。前10天可以高一些，利于促进卵黄吸收和防脱水，之后相对湿度应小些，保持鸡舍的干燥，防止垫料潮湿，引发球虫病。

(3)通风　肉用仔鸡采用高密度饲养，生长发育迅速，代谢旺盛，舍内有害气体含量高，空气污浊，会引起呼吸道疾病和肉鸡腹水症，影响增重速度。第1、2周龄时以

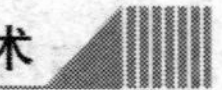

保温为主，适当注意通风，3周龄要增加通风量和通风时间，4周龄以后应以通风为主，特别是夏季，通风可增加舍内O_2量，降低舍温，提高采食量，促进生长速度。

（4）光照　光照可以延长肉仔鸡的采食时间，促进生长。常采用的光照程序有两种，一种是采用连续给予23小时的光照、黑暗1小时的连续光照制度，此法鸡群采食均匀，整齐度好，但耗电多，肉仔鸡易发生猝死；另一种方法是间歇式光照法，开放式鸡舍从第2周龄起，白天利用自然光照，夜间每次喂料、饮水时开灯照明1小时，然后黑暗3小时，密闭式鸡舍昼夜采用1小时光照，2小时黑暗，循环进行，此法符合肉鸡的采食和消化规律，鸡有足够的休息时间，省电。

（5）饲养密度　生产中通常采用分隔饲养法，既便于饲养管理，又能节约能源。育雏期饲养密度大些，把鸡舍全部面积的1/3～1/2分隔开，让雏鸡只在这个育雏区内活动，减低整个鸡舍需要热能的范围。以后随着鸡只的长大，采用逐渐扩群的方式，扩充饲养面积。肉仔鸡饲养密度见表6-1。

表6-1　肉仔鸡地面平养饲养密度　只/m^2

1周	2周	3～4周	5～6周	出售前
40	30	25	16～17	10～12

160 怎样减少肉仔鸡胸部囊肿？

胸囊肿是肉仔鸡胸部皮下发生的局部炎症，不传染，也不影响生长，但影响胴体的商品价值和等级。

（1）选择品种　选择羽毛生长早、覆盖严密、龙骨较平直的品种。羽毛生长不良的鸡只，其胸囊肿发生率可高达35%以上。

（2）选择垫料　最好是选择松软的木屑作垫料，并剔除其中的树皮等尖锐物质，及时更换潮湿发霉垫料。

（3）适宜的饲养密度　饲养密度是影响鸡的羽毛生长好坏的因素之一。羽毛生长的好可以减少对皮肤的摩擦，羽毛生长不良可以促使胸部囊肿。

（4）定时驱赶　肉仔鸡的食欲好，不好动，大多数时间都伏卧。为了减少胸部受压时间，每天可人工驱赶几次，使鸡运动，减少伏卧时间。

（5）公母分群饲养　公鸡比母鸡体重大，蹲伏时间比母鸡多，且公鸡生长快，长羽慢，公鸡达到一定体重时，提前上市，减少胸囊肿带来的损失。

（6）保证营养完善　饲料营养全面充足，避免营养不足引起腿病伏卧而诱发胸囊肿。

161 肉鸡“全进全出制”有什么好处？

所谓“全进全出制”是指在同一个鸡场或同一栋鸡舍同时间内只饲养同一日龄的雏鸡，经过一个饲养期后，又在同一天（或大致相同的时间内）全部出栏，然后使鸡舍空舍 7～14 天。在空舍期间，对鸡舍及全部养鸡设备进行彻底打扫、清洗、消毒与维修。肉鸡“全进全出制”有利于切断病原的循环感染，控制疾病；便于饲养管理，机械化作业，提高劳动效率；便于管理技术和防疫措施的统一。

162 肉鸡为何要公母分群饲养？

由于公母鸡的生理基础不同，在生长速度、被毛生长快慢、营养需求、环境条件及脂肪沉积能力上各不相同。从饲养管理技术上讲，对肉鸡进行公母混养是无法满足上述各自的需求。只有进行分群饲养，结合以上特点，才能进行科学有效的管理。

公母鸡对饲料中蛋白质的需求量不同，供给公鸡的要高于母鸡，并且母鸡会将多余的蛋白质在体内转化为脂肪，很不经济。公鸡羽毛生长慢，体重大，胸囊肿比较严重，应提供厚度适宜、松软干燥的垫料。公鸡前期所需温度要较母鸡为高，而后期公鸡比母鸡怕热，故室温以低些为宜。公母鸡生长速度降低时间不同，可以根据不同的周龄分别出栏，利于批量上市和机械化屠宰加工。

163 如何预防肉鸡疾病？

肉鸡的常见病有两大类。一类是非传染病，包括消化不良病、维生素缺乏症、缺硒病、猝死症、腹水症等；另一类是传染病，包括沙门氏菌病、大肠杆菌病、禽流感、传染性法氏囊病、鸡新城疫、鸡传染性支气管炎病、鸡球虫病等。

非传染病多由于饲养管理不当，如饲料配合不当、温度不当、空气不适等原因造成的。通过加强饲养管理，调整饲料的营养配方，加强对饲养员的技术培训等措施，可以有效控制非传染病的发生。肉鸡传染病的流行是由传染源、传播途径和易感鸡三个环节相互联系而造成的，通过制订合理的免疫程序、给药程序和消毒程序等防疫措施，可消除或切断造成流行的三个环节的相互联系，就会使疫病不发生或不致继续传播。

什么是休药期？

休药期是指食品动物从停止给药到许可屠宰或其产品(肉、乳、蛋)许可上市的间隔时间。在休药期内不准屠宰出售。在养鸡业，特别是肉鸡业，必须严格按照药物的休药期规定合理用药，保证鸡肉内的药物残留不超过食品卫生标准。如庆大霉素内服用药或肌肉注射时，休药期为35天，磺胺氯吡嗪用于肉仔鸡饮水给药时，休药期为5天。

165 肉种鸡怎样限制饲养？

肉用型鸡具有食量大、生长快、脂肪沉积能力强的遗传性，肉用种鸡的繁殖能力会随着体重过大和脂肪沉积过多而下降。

(1)限量法　限制饲喂前计算出鸡的自由采食量，结合鸡的品种等情况计算出饲喂数量。一般按自由采食量的60%～80%计算供给量。

(2)限质法　采取措施使种鸡日粮中某种营养成分低于正常水平，如降低能量、蛋白质水平，或低能量、或低蛋白相结合，甚至低赖氨酸的日粮，同时增加体积大的饲料，如糠麸、叶粉等，使鸡只虽然有饱腹感但却不能获得足够的营养物质，从而达到限制生长、控制体重的目的。通常母鸡4周龄开始实行严格的限饲程序，公鸡5周龄开始实行限饲程序。

(3)限时法

每日限饲。每天给以定量的料量或规定饲喂次数和采食时间。此法对鸡应激较小，限饲程度轻，适于雏鸡转入育成期前2～4周(即4～6周龄)和育成鸡转入产蛋舍前3～4周(即20～24周龄)。

隔日限饲。将2天的饲料量在1天喂完，每隔1天喂1次，另1天不给料只给饮水。该法应激较大，适于生长速度较快、体重难以控制的阶段(7～11周龄)。另外，体重超标的鸡群也可采用此法，但2天的饲料量总和不要超过产蛋高峰期的用料量。目前不建议采用。

喂2天停1天。将3天的料量合在2天喂给，第3天不给料只给水。例如每只鸡日喂料50 g，则前2天各喂75 g，第3天不给料。此法限饲应激较隔日限饲法稍轻。

每周限饲。又叫“五、二限饲”。将7天的料量在5天内喂给，另外2天停饲只饮水。例如每只鸡日喂料为50 g，则前5天日喂料量为70 g，后2天不喂料只饮水。此法限饲强度较小，一般用于12～19周龄，也适合于体重没有达标或受应激较大的鸡群。

166 肉用种鸡的管理措施有哪些？

(1)饲养方式　目前采用的饲养方式有网上平养、2/3棚架饲养和笼养。大型肉用种鸡最好采用2/3棚架饲养方式。

(2)开产前的饲养管理　开产前期也称预产期，一般是指18～23周龄。如果进行人工授精，要选择优秀公鸡。如果自然交配，按1∶(8～10)的公母比例，混群饲养。将育成料更换为预产料，以保持开产后产蛋量的急剧增加和体重的增长。20周龄开始增加光照，第一次增加1小时，以后每周增加0.5小时，到28周龄时光照达到16小时，维持到产蛋结束。平养或棚架饲养方式，应在19～20周龄时安置产蛋箱，每4只母鸡共用1个产蛋窝。

(3)产蛋期的饲养管理　在开产前首先完成所有疫苗注射工作；制定合理的饲养管理制度，减少应激，温度适宜(15～21℃)，光照合理，为种鸡建立一个适宜的产蛋环境；种母鸡预产料喂到23周龄末结束，从24周龄开始改喂产蛋期饲料，产蛋率45%～50%时喂高峰料，保证高峰期产蛋，种公鸡喂特定的专用公鸡饲料；根据产蛋递增、蛋重、母鸡体重等调整饲料量；加强种蛋管理，勤捡蛋，及时消毒，严格种蛋保存时间；减少应激，特别注意高温季节的管理，饲料配方、饲喂时间、饲喂数量、环境温度、卫生条件等整个管理不能随意更改，否则会导致生产水平急剧下降；加强公鸡管理，及时淘汰不合格种公鸡，以免影响受精率和孵化率。

167 优质肉鸡的标准是什么？

优质肉鸡又称精品肉鸡，是指生长较慢、性成熟较早、具有有色羽(如黑鸡、麻鸡、三黄鸡等)；宽胸、矮脚、骨骼相对较小而载肉量相对较多；肉质鲜嫩，脂肪分布均匀，鸡味浓郁，营养丰富，含地方鸡血缘的鸡种。

168 优质肉鸡怎样分类？

按照生长速度，我国的优质肉鸡可分为三种类型，即快速型、中速型和优质型。优质型要求90～120日龄上市，体重1.1～1.5 kg，冠红而大，羽色光亮，胫较细，羽色和胫色随鸡种和消费习惯而有所不同，这类鸡一般未经杂交改良，以各地优良地方鸡种为主。中速型要求 80～100 日龄上市，体重 1.5～2.0 kg，冠红而大，毛色光亮。快速型要求 49 日龄上市，公母平均上市体重 1.3～1.5 kg。

根据羽毛颜色分为黄羽、麻羽、黑羽和白羽。根据腿胫颜色分为黄胫、青胫。根据皮肤颜色分为黄皮黄肉和黑皮黑肉。

169 优质肉鸡饲养阶段怎样划分？

根据生长速度的不同，优质肉鸡可按“二段制”或“三段制”进行饲喂。二段制饲养分为 0～4 周龄和 4 周龄以后，分别饲喂雏鸡日粮和中雏日粮。三段制饲养分为 0～4 周龄、5～10 周龄和 10 周龄以后，分别饲喂幼雏日粮、中雏日粮和肥育日粮。前期饲喂能量较低、蛋白质较高的饲料，后期为了增加肌肉脂肪的沉积，应降低日粮蛋白质含量，适当提高能量浓度。一般快速型多采用二段制，优质型多采用三段制。

170 优质肉鸡生长发育特点是什么？

(1)生长速度相对缓慢　快速型和中速型优质肉鸡的生长速度介于地方品种和肉用仔鸡之间。

(2)对饲料的营养需要有较强的适应能力　在低蛋白(粗蛋白质 19%)、低能量(11.30 MJ)的营养水平下，0～5 周龄仍能正常生长。

(3)性成熟早　南方当地方品种鸡在 30 日龄时已出现啼鸣，母鸡在 100 多日龄就初产，其他育成的优质肉鸡公鸡在 50～70 日龄时冠已光润，会啼叫。

(4)羽毛生长丰满　一般情况下，优质肉鸡至出栏时，羽毛几经脱换，特别是饲养期较长，出栏较晚的优质肉鸡，羽毛显得特别丰满。

(5)生长后期饲料能量利用能力增强　通过长期选择，优质肉鸡后期饲料能量利用能力增强，利于育肥。

171 优质肉鸡有哪些饲养方式？

生产中，为保证成活率和生长速度，同时提高鸡肉品质，一般 6 周龄前采用舍内育雏(平养或笼养均可)，6 周龄后采用放养，这样，鸡群能够自由活动、觅食，节省饲料，得到阳光照射和沙浴，鸡群活泼健康，肉质特别好，外观紧凑，羽毛有光泽，不易发生啄癖。

172 哪些环境适合放养鸡？

适合规模放养鸡的场地有山地、坡地、果园、大田、河湖滩涂、荒山荒坡和经济林地等。放养鸡的鸡场应选择在地势高、背风向阳、环境安静、水源充足卫生的地方，距离干线公路、村镇居民集中居住点和其他养禽场至少 1 km，周围 3 km 内无污染源。

173 什么季节适合放养鸡？

最佳放养季节为春末夏初，此时，外界气温适中，风力不强，能充分利用较长的自然光照，有利于鸡的生长发育。一般夏季 30 日龄、春季 45 日龄、寒冬 50～60 日龄开始放养，根据各地市场对肉鸡的需求不同，放养期有所不同。

174 怎样准备放养鸡的棚舍？

选择地势高、背风向阳、昼夜温度变化不大的平地，搭建坐北朝南的鸡舍。鸡舍应保证冬天可防寒保温，夏天能防暑降温，四周开排水沟，做到不积水。一般棚宽 4～5 m，长 7～9 m，中间高度 1.7～1.8 m，两侧高 0.8～0.9 m。由内向外用油毡、稻草、薄膜 3 层盖顶，以防水保温。在棚顶的两侧及一头用沙土砖石把薄膜油毡压住，另一头开一个出入口，以利饲养人员及鸡群出入。棚的主要支架用铁丝分 4 个方向拉牢，以防暴风雨把大棚掀翻。对鸡棚下地面进行平整、夯实，然后喷洒生石灰水等消毒液，并铺上垫草，垫草要求无污染、无霉变、松软、干燥、吸水力强以及长短适宜。根据鸡群规模，准备饲槽及饮水器。放养场地四周要设置围栏，以防鸡群走失和敌害侵入（图 6-1）。

图 6-1 简易棚舍

175 放养鸡有哪些采食特点？

（1）杂食性 放养鸡的食性很杂，在野外采食范围很广，采食动物性饲料如蚂蚁、蚯蚓、昆虫，植物性饲料如树叶、青草、籽实等，矿物性饲料如土壤，从而满足自身的营养需要。

(2)觅食力强　放养鸡自主觅食能力特别强，觅食范围可达 500 m，能从地面、土壤、植被中找到一切可以食用的营养物质。

(3)喜食粒状饲料　优质颗粒配合料营养价值全面，鸡采食浪费少，是放养鸡补饲饲料的最佳形态。鸡在采食颗粒料后，可促进唾液的分泌，增强胃肠的蠕动，有利于促进营养物质的消化与吸收(图 6-2)。

图 6-2　鸡采食玉米颗粒

176 放养鸡适宜的饲养密度是多少?

平原地区草场、农田、果园养鸡，以鸡舍为中心，70%以上的鸡在半径 50 m 以内活动，90%以上的鸡在半径 100 m 内活动，群体大小应以 50～100 m 为半径圆面积作为一个单元，根据牧草量确定放养鸡密度。一般草地每亩可容鸡数量 20～30 只，草量丰富的可达到 40～50 只，最大不超过 80 只。

177 如何调教放养鸡?

(1)采食和饮水的调教　育雏时开始训练，用吹口哨和敲击金属物品发出的声音为信号，训练鸡听声音采食，3 天左右即可建立条件反射，雏鸡听到这种声音就会来吃食、饮水。

(2)放牧调教　由一人在前面撒少量食物作为诱饵，后面一人缓慢驱赶鸡群前行，同时发出驱赶口令，几天后，鸡群逐渐习惯往远处采食。

(3)归巢调教　如果发现个别鸡在舍外夜宿，应将其捉回鸡舍，第 2 天晚些时候将其放出采食，连续几天后，便可按时归巢。

(4)上栖架的调教　转群前几天，晚上查看是否有卧地的鸡，及时将其捉到栖架上，一旦形成固定的位次关系，鸡就能按时按次序上栖架。

(5)产蛋前调教　目的是防止产窝外蛋。母鸡开产前一周，应在舍内背光处(或遮暗)放置好产蛋箱，让鸡提前熟悉产蛋箱内的环境。鸡的第一个蛋产在什么地方，以后仍会到这个地方产蛋。当鸡看到有蛋的地方，会把此处当作自己的窝而在其中产蛋。

178 放养鸡怎样分区轮牧？

将果园、林地等场地化分成若干个区，把鸡进行逐区轮流放养，有利于嫩草的恢复、生长及昆虫的繁殖，保证鸡群的自然食料，还可以防止喷洒农药对鸡造成的危害。

179 放养期怎样补饲？

早出晚归是鸡的生活习性，让鸡白天采食天然食物，早晚进行补饲。应遵循"早宜少、晚适量"的原则，即每天早晨放养前先喂给适量饲料，投放饲料占全天的1/3，傍晚将鸡召回后再补饲1次，根据饥饱程度补饲。补料后鸡群便上栖架休息，肠道充分消化吸收营养物质。为降低饲养成本，可用全价饲料搭配稻谷、米糠、红薯、玉米、瓜果类补饲。可人工种植牧草（如菊苣、苜蓿、黑麦草、狼尾草、苦荬菜、俄罗斯饲料菜、鲁梅克斯、墨西哥玉米草）等，人工养殖的昆虫（如蚯蚓、蝇蛆、面包虫、黄粉虫）也是喂鸡的高蛋白饲料。秋、冬季节果园、山林杂草和昆虫少，可适当增加补饲量，春、夏季节则适当减少补饲量。

180 放养期怎样供水？

放养鸡的活动空间大，野外自然水源很少，需按每80～100只配一个饮水器。若使用水槽，每只鸡水位为3～5 cm。农村地区缺乏自来水，可自备小型饮水系统，即打一口深井，用塑料桶作为贮水容器，利用负压原理，将水输送到饮水器（图6-3）。

a.贮水桶

b.饮水器

图6-3 饮水设备

181 怎样养殖鲜活虫喂鸡?

采用粪草育虫法。挖深 0.6 m、宽 1 m 的圆形土坑,将稻草或野杂草切成 6～7 cm 长的短节,与牛粪或充分发酵后的鸡粪混合后倒入坑内,浇一盆淘米水后上面盖上 5～10 cm 厚的污泥,约 15 天即可生虫。翻开污泥让鸡吃完虫后可继续使用此法再生虫。

182 怎样防止公鸡打斗?

饲养的公鸡好打斗这属正常现象。采取的措施有:饲养密度不能太高,要留足活动空间;在不同的地方喂食,避免因抢食引起的打架;将公鸡阉割,阉割后公鸡长得快;配合母鸡饲养;给公鸡戴眼镜,这样就遮挡了鸡的直视目光,有效防止公鸡间的打斗(图 6-4)。可从网上购买鸡的专用眼镜,将眼镜固定在公鸡的鼻梁上。

图 6-4　公鸡戴眼镜

183 怎样诱虫喂鸡?

诱虫可以为放养鸡提供一定的动物蛋白饲料,消灭虫害草害,降低作物农药使用量。生产中常用黑光灯灯泡诱虫,将黑光灯固定在放养地内离地面 1.5～2 m 高的地方,傍晚开灯,利用昆虫的趋光性,昆虫会飞向黑光灯,碰到灯即撞昏落到地面被鸡直接采食。

184 如何改善鸡肉品质?

(1)从遗传上进行改良　遗传因素可以影响鸡肉的肉色、肥度、腹脂、风味等,可以选用优质的肉鸡品种,如我国的三黄鸡、茶花鸡、北京油鸡等,耐粗饲、适应性强、肉质细嫩鲜美。

(2)采取生态放养方式　鸡的活动空间大,充分享受阳光和空气,主动摄取自身所需的食物,羽毛色泽光亮,肌肉结实,皮下脂肪均匀,肉质色鲜味美,无药物残留。

(3)使用添加剂　胡萝卜素和叶黄素等着色剂,可使鸡的皮肤和脂肪呈金黄色或橘黄色,从而提高商品等级。饲料中天然着色剂添加量为:苜蓿粉5%,松针粉5%,红辣椒粉0.3%,干橘皮粉2%～5%,紫菜干粉2%,糠虾粉3%,蚕沙6%。屠宰前在肉鸡饲料中添加调味香料(如丁香、胡椒、生姜、甜辣椒、大蒜或大蒜粉等)喂鸡,刺激鸡的食欲,可延长鸡肉的增香保鲜时间,口感更好,味道纯正。

185 如何设置和管理产蛋箱?

为防止鸡产窝外蛋,在鸡开产前2周准备好产蛋箱。产蛋箱一般设计为1～2层,选材木头、竹子和铁皮等,每隔蛋箱30 cm宽×35 cm深×30 cm高(图6-5),在每一层设置踏板,窝中铺上干净稻草,勤换勤添。晚上关闭产蛋箱,避免母鸡在内过夜。每4～5只鸡设一个蛋窝,数量不足会增加地面蛋。鸡喜欢在安静、黑暗的地方产蛋,如果光线太亮,产蛋箱要用黑布遮阳避光。

a.木制产蛋箱

b.金属产蛋箱

图6-5　双层产蛋箱

186 放养产蛋鸡如何确定补料量?

如果母鸡只喂稻谷、玉米,土壤中矿物质含量少,就会缺乏蛋白质、钙和磷,加之放养鸡的活动量大,消耗的营养较多,产蛋率仅能达到正常产蛋的30%,蛋重轻30%～50%。为了获得较高的产蛋率,放养蛋鸡开产后要提供充足的蛋鸡饲料,保证日粮营养全价,一般每天补饲两次,产蛋初期每只鸡日补料50～55 g,产蛋高峰期日补料90 g。早晨开灯补光时补充1/3料量,晚上鸡回舍后再补充2/3料量,不足的让鸡只在环境中去采食虫草弥补。没有青饲料的季节,配合饲料中应添加禽用维生素。放养蛋鸡最好不使用鱼粉,可以适量加入少量蝇蛆、黄粉虫或蚯蚓,能提高产蛋量,使蛋黄颜色变深,鸡蛋无腥臭味。

放养蛋鸡如何做好疾病预防？

放养蛋鸡饲养周期较长，舍内外环境变化大，疾病防治重点是鸡新城疫、禽流感、传染性支气管炎、鸡痘和球虫病，搞好疫苗接种可以预防多种传染病的发生。免疫抗体水平监测是衡量免疫效果最有效的办法。每周饮水消毒1～2次、带鸡消毒1～2次，定期驱虫，使用无残留的药物(如中草药和微生态制剂)，采用“全进全出”的饲养模式，防止病原微生物的长期存在。

188 放养产蛋鸡对光照有什么要求？

放养产蛋鸡要逐渐增加光照，且达到产蛋高峰时要确保16小时的光照时间。夏季自然光照时间较长，冬季自然光照时间较短。开产后，每周傍晚增加30分钟光照时间，直到自然光照+人工光照时间达16小时为止，不能无限制延长。面积16 m^2的鸡舍，安装一个40 W的白炽灯泡，灯高为2 m，可以满足需要(图6-6)。

图6-6 舍内安灯泡

189 如何提高散养鸡蛋品质？

(1)蛋壳厚度　饲料中含钙2%～3.5%、磷0.6%，钙、磷比例保持(5.5～6)∶1，可以防止产软壳蛋、薄壳蛋。一旦出现，应补充贝壳粉、石灰石粉、骨粉、磷酸氢钙和维生素AD粉、鱼肝油等。

(2)蛋清质量　饲料中菜籽饼或鱼粉用量过大，蛋清稀薄，且有鱼腥味。主要饲料中菜籽饼用量应控制在6%以内，鱼粉用量不能超过10%。鸡蛋冷藏后蛋清变成粉红色，卵黄体积膨大，质地变硬而有弹性，俗称“橡皮蛋”，这是由于棉籽饼的质量和配合比例过高造成。

(3)血斑蛋　鸡蛋中出现血斑、血块，除因母鸡卵巢或输卵管微细血管破裂外，多与饲料中缺乏维生素K有关，应适当补充。

(4)胆固醇含量　让鸡多采食青草，饲料中添加微生态制剂、寡聚糖、类黄酮物质等，可以降低鸡蛋中胆固醇含量。复方中草药制剂(党参、白术各80 g，刺五加、仙茅、何首乌、当归、艾叶各50 g，山楂、麦芽、六神曲各40 g，松针200 g，为末，鸡每只每日 0.5～1 g)，可提高产蛋率，降低鸡蛋胆固醇。

(5)高碘蛋　在饲料中添加 5%的海藻粉，蛋黄中的碘含量达到 33.12 μg，同时增加了蛋黄颜色，降低鸡蛋黄中的胆固醇含量。

(6)鸡蛋风味　饲料中添加 1%的复方中草药制剂(芝麻、蜜蜂、植物油、益母草、淫羊藿、熟地、神曲、板蓝根、紫苏)饲喂 42 天，可降低破损率，使蛋味变香，蛋黄色泽加深，延长产蛋期。饲料中添加 10%亚麻籽＋去皮双低菜籽，可提高鸡蛋中 ω-3 不饱和脂肪酸含量。

(7)蛋黄颜色　用于鸡蛋蛋黄增色的天然药物有：苍术(添加 2%)、紫菜(0.3 g/只)、红辣椒(添加 1%)、海藻(添加 2%～6%)、聚合草(添加 5%)、紫苜蓿(添加鲜粉 5%)、玉米花粉(添加 0.5%)、松针粉(添加 5%)、橘子皮粉(2%～5%)、胡萝卜(20%)、苋菜(8%～10%)、南瓜(10%)。

190　如何使抱窝鸡醒抱？

就巢俗称抱窝。当发现鸡群中有就巢行为的鸡时，要及时将其捉出，单独放在群外。通过两种办法催醒，一是注射激素(如肌注丙酸睾丸素)或口服投药(安乃近、速效感冒胶囊)，二是突然改变环境条件(水浸、剪毛、清凉降温等)，给予全新的强烈刺激。

191　果园养鸡有哪些技术要求？

(1)选择果园　以干果、主树干略高的果树和使用农药较少的果园为佳，最理想的是核桃园、枣园、柿园和桑园，不宜选择幼龄期和树形矮小的果园，如葡萄园。树干较高的果园，各种类型的鸡都可以放养，而树干低矮、果枝下垂的果园，适宜放养跳跃能力差、很少会上树的鸡，如速生型黄(麻)羽肉鸡、丝羽乌骨鸡、矮小型鸡或褐壳蛋鸡。苹果、桃、梨等鲜果林地在挂果期会有部分果子自然落果后腐烂，鸡吃后易引起中毒，此期不宜用来养鸡(图 6-7)。

图 6-7　梨园放养鸡

(2)分区轮牧　将果园区域划分，进行轮牧，有益于小草、蚯蚓、昆虫等的生长，形成生态食物链，达到鸡、果双丰收。

(3)不宜使用除草剂　果园内如果没有嫩草生长，鸡就会失去绝大多数营养来源，除草剂还

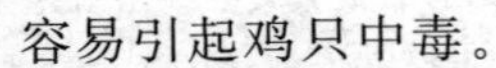

容易引起鸡只中毒。

(4)防治鸡中毒　果树喷药时,应选择毒性小的农药,或在农药毒性过后再放养,或分区轮牧。

(5)捕虫与诱虫相结合　果园的树干较高,影响了鸡只对害虫的自然捕捉,可以将自然捕捉和人工诱虫相结合,减少果园的病虫害和农药的使用。

(6)鸡群规模和放养密度　果园内可食营养是有限的,若规模大、密度大,容易造成过牧现象,寸草不生,土壤质地被破坏,影响果树生长。

192 林地养鸡有哪些技术要求?

(1)林地选择　选择 2 年以上树龄,林冠较稀疏、冠层较高,树林荫蔽度在 70%以下,透光和通气性能较好,且林地杂草和昆虫较丰富的树林较为理想。枝叶过于茂密、遮阴度大的林地透光效果不好。鸡舍坐北朝南,鸡舍和运动场地势应比周围稍高,倾斜度以 10°～20°为宜,不应高于 30°(图 6-8)。

(2)划分林地　将 3～5 亩林地划为一个饲养区,每区修建 1 个能遮风避雨的简单棚舍,将鸡放在不同的小区进行轮放。

(3)放养密度　宜稀不宜密,防止林地草场的退化和草虫等饵料不足。每亩林地放养 50～100 只为宜,采用全进全出制。

图 6-8　林地放养鸡

(4)防暴雨和兽害　遇到天气突变,应及时收牧,以免雨淋,并补料。预防老鼠可采取鼠夹法、毒饵法、灌水法、养鹅驱鼠法。鹰类是益鸟,可采取鸣枪放炮、稻草人、人工驱赶法和网罩法等驱避。防控黄鼠狼可采取竹筒捕捉法、木箱捕捉法、夹猎法、猎狗追踪捕捉和灌水烟熏捕捉等方法。蛇可采取捕捉法和驱避法。

(5)林下种草　在植被不好的地方,可在植被稀疏和林下草质量较差的地方人工种植苜蓿等饲草。

(6)预防体内寄生虫病　长期林下养鸡,鸡体内多感染寄生虫病,应每月定期驱虫 1 次。

193 农田养鸡有哪些技术要求?

(1)选择农田　一般选择种植玉米、高粱、棉花等高秆作物的田地养鸡,作物的生长期在90天以上,以植株长到50cm左右放牧较好,以免对作物造成大的损害。当作物到了成熟期,如果鸡还不能上市,可以半圈养为主,补饲精料催肥(图6-9)。

(2)放养密度　农田养鸡密度不能高,每亩地不超过50只。

(3)设置围网　一般大面积农田养鸡,可不设置围网。但小地块农田养鸡,周围种植的作物又不同,应考虑在放牧地块周围设置尼龙网。

(4)宜养公鸡　由于作物生长期较短,农田养鸡应养公鸡,养140～150天出栏。产蛋母鸡生长期在350天以上,不宜在农田散养。

图6-9　农田放养鸡

194 山场养鸡有哪些技术要求?

(1)选择山地　植被情况良好、可食牧草丰富、坡度较小,特别是经过人工改造的山场果园和山地草场最适合放养鸡。而坡度较大的山场、植被退化、可食牧草较少或植被稀疏的山场不适于放养鸡(图6-10)。

(2)饲养规模和密度　山场养鸡的活动半径较平原农区小,饲养密度应控制在每亩20只左右,不超过30只。一个鸡群的规模应控制在500只以内,以200～300只效果最好。

(3)合理补料　如果补饲不足,鸡会用爪刨食,使山场遭到破坏。

(4)预防兽害　草场的兽害最为严重,尤其是鹰类、黄鼠狼、狐狸、老鼠以及南方草场的蛇害,应针对性地加以防范。

图6-10　山场放养鸡

195 草场养鸡有哪些技术要求?

(1)遮阴防雨　无论天然草场还是人工草地,如果没有高大的树木,在炎热的夏

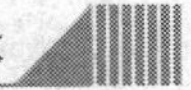

季会使鸡暴露在阳光下，雨天没有可躲避的地方，需要搭建简易雨棚棚舍（图 6-11）。

(2)注意温度变化　草原昼夜温差大，在放牧的初期、鸡月龄较小的时候以及春季和晚秋，要注意夜间鸡舍内温度的变化，防止温度骤然下降导致鸡群患感冒或者其他呼吸道疾病。必要时应增加增温设施。

图 6-11　草场放养鸡

(3)实施轮牧　鸡喜欢采食幼嫩的草芽和叶片，不喜欢粗硬老化的牧草，应将放牧和刈割相结合。将草场划分不同的小区，轮流放牧和轮流刈割，使鸡经常采食到幼嫩牧草。

(4)放牧时间　秋季早晚气温低，早晨草叶带有露水，对鸡的健康不利，等到太阳升起后再放牧。

(5)防止窝外蛋　草原辽阔，鸡活动范围大，适于营巢的地方多，应防止鸡在外面营巢产蛋和孵化，使总产蛋率下降，影响经济效益。

(6)严防兽害　草场兽害最为严重，尤其鹰类、黄鼠狼、狐狸、老鼠以及蛇害，应针对性地加以防范。

196　放养鸡不同季节如何管理？

(1)春季　春季光照时间渐渐变长，气温变暖，湿度大，昼夜温差大，有害病菌繁衍旺盛。一要防天气突变，要防止由于气候突变造成生产性能下降和诱发感染疾病；二要保证营养，放养鸡可适当补充青绿饲料，产蛋鸡饲料中应补充能量和维生素、微量元素，提高产蛋率；三要防疫，要搞好饮水消毒、环境消毒、预防接种、药物预防等各项防疫措施。

(2)夏季　夏季天气炎热，由于散养鸡皮肤紧密覆盖羽毛，没有汗腺，抵抗力降低，生长发育受到很大影响。一要搭遮阳棚，防暑；二要勤换饮水，将饮水器放在阴凉处，用复合维生素、维生素 C 或小苏打饮水可防止热应激；三要早放晚圈，尽量减少鸡在鸡舍里停留的时间；四要科学饲喂，要在早、晚天气凉爽时补料，刺激鸡的食欲，满足鸡的营养；五要搞好卫生，及时清理粪便，注意饲料、饮水和环境卫生，控制蚊蝇滋生，定期驱除体内外寄生虫。

(3)秋季　秋天野生植物籽粒饱满，昆虫长大，为野外放养鸡准备了丰富的饲料资源。一要扩大饲料资源，让鸡群采食未收净的农作物籽粒，减少饲料用量；二要预防疾病，注意球虫病，预防接种鸡痘疫苗，并保持环境干燥和干净；三要人工补光，由于秋后日照时间渐短，光照时间不足会影响产蛋率，应在鸡归巢后补充光照时数，保证每天 16 小时光照时间；四要调整鸡群，秋季是鸡换羽毛的季节，可将产蛋已达一年的老母鸡分圈饲养，增加光照，饲喂高能饲料，促使增膘，及时上市销售；五要细致观察，每天早晚补饲时观察鸡的脸部颜色、食欲、粪便、灵活性等，发现病情及时治疗，鸡体恢复正常后再放归鸡群；六要适时出栏，每年中秋节之前，土鸡、土鸡蛋进入价格高峰期，将要淘汰的产蛋母鸡和育肥公鸡抓紧时机育肥，及时出售。

(4)冬季　冬季气温寒冷，青草枯竭，光照不够。一要舍养保温，减少放养时间和能量损失，特别是散养蛋鸡生产，可采取封闭门窗、设置挡风屏障、干草铺垫地面、提供热源等措施达到保温目的；二要加强通风，避免鸡舍潮湿、氨气增多，诱发眼病与呼吸道疾病；三要增强营养供应，增加能量饲料和补饲量，以满足放养鸡维持和产蛋的营养需要；四要补青粗饲料，同时补充维生素添加剂，保证产蛋鸡营养的不足；五要补充光照，产蛋鸡应早、晚补光，每天光照达到 16 小时。

197 什么是发酵床养鸡技术？

发酵床养鸡就是让鸡生活在添加了活性微生物制剂的锯末、稻壳或秸秆等铺成的发酵垫料上，微生物能迅速分解鸡粪，消除鸡舍中的异味，还能为鸡提供温暖的床面。菌体被分解后形成菌体蛋白，可作为鸡的饲料，减少饲料喂量，因此，这是一种完全的零排放、零污染的环保养殖技术。发酵床养鸡顺应了鸡的原始生活本质，如啄食沙砾、用脚刨地等原始生活习惯，体现了鸡的福利，杜绝了氨气等有害气体的发生，减少鸡呼吸道疾病，饲料报酬大大提高，料肉比极大降低，效益提高。

198 发酵床养鸡如何操作？

(1)鸡舍建造　鸡舍长宽比例为 5∶1，长以 50～70 m 为宜，不宜超过 100 m，宽以 6～10 m 为宜，不宜超过 12 m，檐高 2.0～2.5 m，屋脊高 3.0 m 左右。鸡舍坐北朝南，窗户要大。

(2)准备垫料　发酵床垫料最好用锯末，也可以用刨花、稻壳、花生壳、玉米芯及各种农作物秸秆部分代替，禁止使用发霉和有毒的垫料。

(3)稀释菌种　发酵床菌种中所含的菌类主要有枯草芽孢杆菌、酵母菌、放线菌、丝状真菌等，大多为好氧菌，发酵床的发酵过程以有氧发酵过程占绝对优势。将发酵剂按 1∶(5～10)倍比例(按照发酵剂使用说明来操作)与玉米面、麸皮或米糠混合均匀,分成4等份。

(4)铺垫料和菌种　将垫料原料分四层铺填,每铺一层,上面就均匀撒一层菌种,这样操作比较省力。也可以先将垫料与菌种混合均匀后一次铺成。鸡床要求锯末厚度40 cm。

(5)放鸡入床　静置发酵,一周后可以放入鸡(图6-12)。发酵床功能菌正常生长最适合的温度为30～40℃。鸡放养的密度要掌握好,密度过大单位面积粪太多,发酵床的菌不能有效分解粪便。

(6)日常维护　定期翻倒撬动,保持垫料中较高的含氧量。调节水分,保持发酵床垫料中水分含量在40%左右,最有利于发酵。定期喷洒补充益生菌,维护发酵床正常微生态平衡。发酵床在消化分解粪尿时,垫料会逐步损耗,当垫料减少量达到10%后要及时补充垫料。鸡舍内禁止使用化学药品和抗生素类药物,防止杀灭和抑制益生菌,使得益生菌的活性降低。当垫料达到使用期限后,作为生物有机肥出售。

图6-12　生物发酵床养鸡

七、鸡疾病防治技术

199 什么是鸡传染病？

鸡传染病是指由病毒、细菌、霉形体、真菌等特定病原微生物引起的、具有一定的潜伏期和临诊表现，并具有传染性的疾病。在临床上，不同传染病的表现千差万别，同一种传染病对不同品系或不同个体的致病作用和临诊表现会有所差异。

200 鸡的传染病有哪些？

（1）由病毒引起的传染病　鸡新城疫、禽流感、鸡传染性支气管炎、鸡传染性喉气管炎、鸡马立克氏病、禽淋巴白血病、鸡痘、鸡传染性法氏囊炎、包涵体肝炎、禽脑脊髓炎和产蛋下降综合征等。

（2）由细菌引起的传染病　鸡白痢、鸡大肠杆菌病、禽霍乱、鸡传染性鼻炎、鸡绿脓杆菌病、鸡葡萄球菌病等。

（3）由其他病原微生物引起的传染病　禽曲霉菌病、禽霉形体病（鸡毒支原体病）等。

201 传染病发生的条件是什么？

传染病的发生必须具备传染源、传播途径、易感鸡这三个基本条件。当这三个条件同时存在并相互联系、不断发展时，才能发生传染病，只要切断任意一个环节，就能阻止传染病的发生和传播。

（1）传染源　病鸡和无临床病症表现的带菌（毒）鸡。

（2）易感鸡　对某种传染病缺乏抵抗力的鸡。

（3）传播途径　病原体由传染源排出体外后，经一定的方式再侵入其他易感鸡所经的途径称为传播途径。传播途径分为水平传播和垂直传播两大类。

水平传播是传染病在群体之间或个体之间以水平形式横向平行传播，鸡的绝大多数传染病是水平传播的。在传播方式上可分为直接接触和间接接触传播两种。直接接触传播是病原体通过感染源与易感鸡直接接触（交配）而发生的感染，间接接触传播是病原体通过传播媒介使易感鸡发生传染的方式。传播媒介可能是生物，也可能是无生命的物体，如：经空气（飞沫、尘埃）传播，经污染的饲料和水传播，经孵化器传播，垫料和粪便传播，羽毛传播，活的媒介物传播，设备用具传播。

垂直传播是病原微生物从母体到其后代两代之间的传播。病原微生物经卵巢、子宫内感染而传播到下一代雏鸡，如沙门氏菌病（白痢、伤寒、副伤寒）、霉形体病、大肠杆菌病、白血病、减蛋综合征、脑脊髓炎、病毒性肝炎、包涵体肝炎等。

202 鸡场的防疫措施有哪些？

（1）平时的预防措施　加强饲养管理，搞好卫生、消毒工作；制定和执行定期预防接种、药物预防和驱虫的程序与计划；定期杀虫、灭鼠，妥善处理粪便和病死鸡的尸体；鸡场周围和运动场内适当种植树木，遮阴避风，鸡舍应排水流畅，雨后场地不积水；采用全进全出的饲养方式；如从外面进鸡，应在隔离舍单独饲养，观察1个月以上，并进行鸡白痢、鸡霉形体病的检疫后方可合群饲养；除饲养人员外，其他人员未经同意一律不得进入鸡舍，进入鸡舍要换鞋、洗手，甚至洗澡换衣，各鸡舍的人员和工具要固定；经常了解附近鸡场疫情，有针对性地采取防疫措施。

（2）发病时的扑灭措施　一旦发生疫情，首先要确诊并通知邻近鸡场，以便共同采取措施，把已发生的疫病控制在最小范围内，并及时扑灭；迅速隔离病鸡，禁止无关人员进入，并进行场地消毒；紧急接种，或在饲料、饮水中投药，必要时对病鸡逐只治疗或淘汰；妥善处理病死鸡及要淘汰的病鸡；鸡舍及全部设备严格清扫消毒，并空舍一段时间，以避免新进入鸡群发生同样疫病。

203 鸡场消毒方法有哪些？

（1）机械性消毒法　单纯用机械的方法（如清扫、洗刷、通风等）清除病原微生物，一般不能达到彻底消毒目的，还必须配合其他的消毒方法。

（2）物理消毒法　通过高温、灼烧、干燥、阳光曝晒、紫外灯照射等物理方法杀灭或清除病原微生物的方法。

（3）化学消毒法　应用化学消毒剂杀灭病原微生物的方法。化学消毒剂对人体组织有害，只能外用或环境消毒，主要有浸泡法、喷洒法和熏蒸法。消毒的效果则取决于消毒剂的种类、药液的浓度、作用的时间和病原体的抵抗力以及所处的环境和性质，因此，在选择时，可根据消毒剂的作用特点，选用对该病原体杀灭力强，又不损害消毒的物体，毒性小，易溶于水，性质稳定，价廉易得而使用方便的化学消毒剂。

（4）生物热消毒法　通过堆积、沉淀池、沼气池等发酵方法，杀灭粪便、污水、垃圾及垫草内的病原微生物的方法。在发酵过程中，微生物产生热量可使温度达70℃以上，经过一段时间（25～30天），便可杀死病毒、病菌（芽孢除外）、寄生虫卵等病原体。

204　常用的消毒剂有哪几类？

（1）醛类消毒剂　如甲醛、戊二醛等。

（2）碱类消毒剂　如氢氧化钠（火碱）、生石灰等。

（3）氧化物类消毒剂　如过氧乙酸、高锰酸钾、过氧化氢、二氧化氯、臭氧等。

（4）含氯消毒剂　如漂白粉、次氯酸钠、二氯异氰尿酸钠（优氯净）、氯胺-T、二氯二甲基海因等。

（5）酚类消毒剂　如来苏儿、复合酚等。

（6）碘制剂　如碘伏、碘酊、碘甘油等。

（7）醇类消毒剂　如乙醇、异丙醇等。

（8）表面活性剂类　如新洁尔灭、度米芬（消毒宁）、百毒杀等。

鸡舍或鸡场门口的消毒池内，宜放置火碱或来苏儿溶液，手消毒宜选用新洁尔灭、过氧乙酸或次氯酸钠等，饮水消毒宜选用漂白粉、百毒杀等，环境消毒宜选用来苏儿、火碱或复合酚溶液等，空鸡舍熏蒸消毒宜用福尔马林。

205　空鸡舍怎样消毒？

每栋鸡舍全群移出后、下一批鸡进舍前，须对空鸡舍彻底消毒，然后至少空舍两周。空鸡舍全面消毒程序：清扫—冲洗—喷洒消毒剂—熏蒸消毒。

（1）清扫　将饲养设备全部搬到舍外专用消毒池浸泡清洗，清扫笼具、天花板、墙壁、排风扇、通风口等部位的尘土，清除所有垫料、粪便。

（2）高压冲洗　由上到下、由里向外用高压水枪冲洗鸡舍地面、墙壁、门窗、屋角等，做到不留死角。

（3）喷洒消毒剂　地面、墙壁干燥后，即可用氢氧化钠、来苏儿、百毒杀或过氧

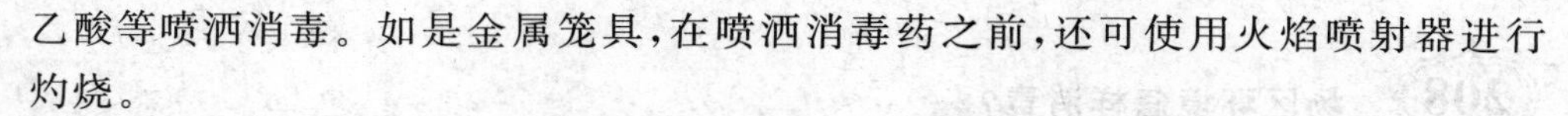

乙酸等喷洒消毒。如是金属笼具，在喷洒消毒药之前，还可使用火焰喷射器进行灼烧。

（4）熏蒸消毒　待消毒液稍干燥后，把所有用具搬入鸡舍，门窗关闭，提高室内温度（25～27℃）和湿度（60%～80%），熏蒸消毒。最常用的消毒剂是38%～40%的甲醛溶液（也称福尔马林）。方法1：按每立方米空间使用甲醛溶液20 mL，加水20 mL，然后小火加热蒸发，使甲醛以气体形式扩散于空气中和物体表面进行消毒。方法2：按每立方米空间用福尔马林28 mL、高锰酸钾14 g混合熏蒸，先将高锰酸钾倒入耐腐蚀的陶瓷容器内，再沿容器壁加入福尔马林，人即迅速离开，关闭门窗，密闭消毒12～24小时。

206 怎样带鸡消毒？

带鸡消毒就在鸡舍饲养鸡只情况下，定期使用有效的消毒剂、利用一定压力喷洒在舍内空间之中，以杀死悬浮在空气中和附着在鸡体表面的病原微生物，起到消毒降尘、预防疾病的一种消毒方法。常用消毒剂有0.015%百毒杀、0.1%新洁尔灭、0.2%～0.3%过氧乙酸、0.2%次氯酸钠等。消毒剂配成消毒液后稳定性较差，不宜久存，应一次用完。一般育雏期每周消毒2次，育成期每周消毒1次，成年鸡每2～3周消毒1次，发生疫情时每天消毒1次。

正确消毒方法：用清水将污物冲出鸡舍，以提高消毒效果。使用雾化效果较好的自动喷雾装置或小型手动喷雾器，药液喷出成雾状，喷头距高于鸡体50 cm左右为宜。喷雾时喷头向上，先内后外逐步喷雾，以地面、墙壁、天花板均匀湿润和鸡体表微湿的程度为止（图7-1）。消毒宜在暗光下进行，防止惊吓鸡群。

图7-1　带鸡消毒

207 设备用具怎样消毒？

转群后将饲养用具搬出鸡舍冲刷干净，再用4%来苏儿溶液或0.1%新洁尔灭溶液浸泡，并在熏蒸鸡舍前送回鸡舍内进行熏蒸；免疫用的注射器、针头在每次使用前、后都须煮沸消毒；化验用的器具和物品等每次使用后应消毒；饮水器需每天清洗；蛋箱和运输用鸡笼在运回鸡场前严格消毒。

208 场区环境怎样消毒?

生产区大门口和鸡舍门前设有消毒池(图 7-2),定期更换消毒液,亦可用草席及麻袋等浸湿药液后置于鸡舍进出口处;在生产区出入口设置喷雾装置,喷雾消毒药用 0.1%新洁尔灭或 0.2%过氧乙酸;生产区道路用 3%～5%氢氧化钠喷洒消毒,每周 1～2 次;污水池、排粪坑和下水道出口,每月用漂白粉撒布消毒 1～2 次;定期清除杂草、垃圾,灭鼠和杀虫;当鸡群周转、淘汰和鸡场周围有疫情时,加强场区环境消毒;每年将场区表层土壤翻新 1 次,减少环境中的有机物。

图 7-2 生产区大门消毒池

209 人员、车辆怎样消毒?

所有人员须脱衣、洗澡、更衣、换鞋后,才能进生产区或鸡舍工作;技术人员每免疫完一批鸡群,需用消毒药水洗手,工作服用消毒药水泡洗消毒;鸡场大门口设车辆消毒池(图 7-3),消毒池宽 2 m、长 4 m、深 5 cm 以上,消毒池内用 3%～5%来苏儿、10%～20%石灰乳或 3%火碱溶液,多种消毒药定期交替使用,防止细菌产生耐药性。

图 7-3 鸡场大门消毒池

210 饮水怎样消毒?

饮水消毒可以控制水中大肠杆菌等条件性致病菌和饮水管中的细菌。

(1)物理消毒法　用煮沸的方法杀灭水中的病原微生物,此法适用于用水量少的育雏阶段。

(2)化学消毒法　在水中加入化学消毒剂杀灭病原微生物。市售的很多消毒剂都可作饮水消毒之用。需注意的是,鸡群免疫接种前后 2 天内禁止饮水消毒,以免影响免疫效果。

211 什么是抗原、抗体和免疫反应？

（1）抗原　指能刺激机体产生抗体和致敏淋巴细胞，并能在体内外与之发生特异性结合的物质。主要的微生物抗原有：细菌抗原、病毒抗原、毒素抗原及其他微生物抗原等。

（2）抗体　指由抗原刺激机体产生的能与相应抗原发生特异性结合的免疫球蛋白。主要有 IgA、IgD、IgE、IgG、IgM 五类。

（3）免疫反应　指动物机体在长期进化过程中形成的识别和清除非自身大分子物质，从而保持机体内外环境平衡的生理学反应。弱毒疫苗、菌苗接种之后，由于病毒、细菌在鸡体内繁殖，在几天内鸡表现轻微的精神不振、食欲减退和产蛋率下降等，均属正常现象。

212 母源抗体有什么特点？

母源抗体是指初生雏通过胎盘、初乳或卵黄等途径从母体获得的被动性抗体，其特点为：

①它是由母鸡产生的抵抗某种病原体的特异性抗体；

②能够对刚出生的雏鸡提供被动免疫保护，使雏鸡免受某些病原体的感染；

③高水平的母源抗体也能与疫苗中的特定抗原发生中和作用，使得某些疫苗免疫后部分或完全失效，造成免疫失败，因此对出壳雏鸡应进行母源抗体检测，根据母源抗体的消退规律确定初免的时间；

④在吸收终止后，母源抗体通过正常降解途径立即开始下降，下降的速度因动物种类、免疫球蛋白的类别、原始浓度及半衰期的不同而异。母源抗体的持续时间并不等于雏鸡能耐受强毒攻击的时间，雏鸡抗体保持在一定滴定之上才能耐受强毒攻击。

213 鸡群为什么要进行抗原抗体检测？

进行抗原抗体检测是为了诊断某些疾病或测定抗体水平，以制定免疫程序或判断免疫效果。通常运用血清学方法，可以用已知的抗原检测鸡群体内抗体，以诊断某些疾病或测定抗体水平高低。也可用已知的抗体检测未知的抗原，用于鉴定病原微生物以及某些疾病的早期诊断。

214 鸡为什么要进行免疫接种?

免疫接种是指用人工方法把疫苗或菌苗等引入鸡体内,从而激发鸡产生对某种病原的特异性抵抗力,是防止传染病发生的一种重要手段。免疫接种不仅需要质量优良的疫苗、正确的接种方法和熟练的技术,还需要一个合理的免疫程序,才能充分发挥各种疫苗应用的免疫效果。一个地区、一个养鸡场可能发生多种传染病,而预防这些传染病的疫苗性质又不尽相同,免疫期长短也不一,因此,需要根据各种疫苗的免疫特性合理地制定预防接种的次数和间隔时间,这就是所谓的免疫程序。

215 免疫接种可分为几类?

(1)预防接种　对健康鸡有计划地定期使用疫苗、菌苗或球虫苗等进行免疫接种,以预防疫病的发生。预防接种必须根据当地疫病流行情况,并结合鸡场历年疫病发生情况制定合理的免疫程序,严格按照免疫程序进行才能保证免疫效果。

(2)紧急接种　发生传染病时,对疫群、疫区和受威胁地区尚未发病的鸡进行临时应急免疫接种,以迅速控制和扑灭疫病。紧急接种可使用疫苗、高免血清、卵黄抗体等。疫苗只用于经过详细检查确定为正常无病的鸡(即假定健康群),高免血清、卵黄抗体既可用于假定健康群(被动免疫),也可用于病鸡和潜伏期病鸡(治疗)。实践证明,在疫区对新城疫等疾病进行紧急接种,对控制和扑灭疫病具有重要作用。

216 免疫失败的原因有哪些?

免疫失败是指经过某种疫苗接种的鸡群在该疫苗有效期内仍发生该病,或在预定时间内监测抗体滴度未达到预期水平,仍有发生该病的可能。造成免疫失败的原因很复杂,大致有以下几种原因:

①鸡体内存在高度的被动免疫力(母源抗体、残留抗体),产生了免疫干扰作用;

②鸡接种时已潜伏该病;

③鸡群中有传染性法氏囊病、马立克氏病等免疫抑制性疾病存在;

④环境条件恶劣、寄生虫侵袭、营养不良、转群等应激,造成鸡免疫反应能力

降低；

⑤疫苗保存和运输不当、稀释后未及时使用、稀释方法不当，造成疫苗失效或减效；使用过期、变质疫苗或接种过量产生免疫麻痹；

⑥疫苗选择不当，使用的疫苗与所发生的疫情或血清型不符；

⑦不同的疫苗接种时间相隔过短，或多种疫苗随意混合使用，产生免疫干扰；

⑧接种方法错误、不同鸡获取的疫苗量不均、接种疫苗前后使用免疫抑制性药物等。

217 鸡推荐的免疫程序有哪些？

免疫程序的制定受多方面因素的影响，不能做硬性统一规定，各鸡场的免疫程序要根据具体情况适时调整。下面列举的几种免疫程序仅供参考（表 7-1、表 7-2）。

表 7-1　种鸡、商品蛋鸡的常规免疫程序表（仅供参考）

日龄	疫苗	用量	免疫方法
1	马立克氏病疫苗	0.2 mL	颈部皮下注射
5～7	鸡支肾二联三价活疫苗	1 倍量	滴鼻或点眼
12～14	法氏囊中等毒力活疫苗	1 倍量	滴口
15～20	新城疫-禽流感二联油苗	0.3 mL	皮下注射
	同时新城疫弱毒活疫苗	2 倍量	饮水
25～28	法氏囊中等毒力活疫苗	1.5 倍量	滴口或饮水
30～40	鸡痘疫苗	2 倍量	刺种
55～60	新支二联活疫苗	2 倍量	饮水
65～70	鸡传染性喉气管炎（未污染此病的鸡场不免）	1 倍量	点眼
80～90	传染性鼻炎油苗	0.5 mL	肌内注射
110	禽流感油苗	0.5 mL	肌内注射
120	新城疫-传支-减蛋三联灭活苗	0.7 mL	肌内注射
	同时新城疫Ⅳ活疫苗	2 倍量	饮水
130	法氏囊油苗（商品蛋鸡不免）	0.5 mL	肌内注射
240	新支二联活疫苗	2 倍量	饮水
320	新城疫Ⅳ活疫苗	2 倍量	饮水

表 7-2 肉鸡的常规免疫程序表(仅供参考)

日龄	疫苗	用量	免疫方法
1	马立克氏病疫苗	0.2 mL	颈部皮下注射
7	鸡支二联活疫苗	1.5 倍量	滴鼻或点眼
10～12	法氏囊弱毒活疫苗	1.5 倍量	饮水
18	新支二联活疫苗	1.5 倍量	饮水
24	法氏囊中等毒力活疫苗	1.5 倍量	饮水
30	禽流感灭活疫苗(仅优质肉鸡免疫,肉用仔鸡不免)	0.3 mL	肌内注射
42	新城疫弱毒活疫苗	1.5 倍量	饮水

218 鸡常用疫苗种类有哪些?

用细菌、病毒、霉形体(支原体)、某些寄生虫等制成的预防特定疫病的生物制品通称为疫苗。疫苗按苗(毒)株活性分为活苗(弱毒苗)和灭活苗(灭能苗)两大类,按剂型分为冻干苗、佐剂苗、湿苗等,按疫苗所含菌(毒)株的株数分为单价苗、多价苗和联苗等。另外还有现代生物工程产品,如亚单位疫苗、合成肽疫苗、基因工程疫苗等(图 7-4)。

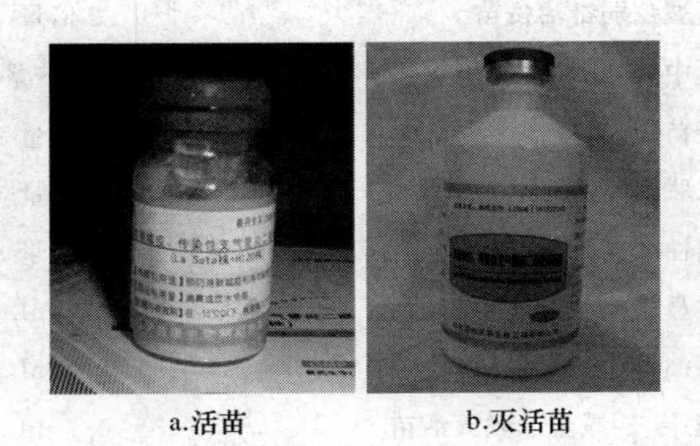

a.活苗　　b.灭活苗

图 7-4 疫苗

219 怎样保存和运输疫苗?

(1)疫苗保存　灭活苗(死苗)、致弱的细菌性菌苗、类毒素、免疫血清、卵黄抗体等应保存在 2～15℃,防止冻结。弱病毒疫苗(如新城疫弱毒疫苗)则应低温冻

结保存(0℃以下)。有些疫苗(如细胞结合型马立克氏病疫苗)需在液氮条件(—196℃)超低温保存,且要随用随取,注意补充液氮。冷冻保存的疫苗应防止反复冻融。稀释液一般常温单独存放。

(2)疫苗运输　致弱的病毒性疫苗应放在装有冰块的广口瓶或冷藏箱内,包装完善,避免日光直射和高温,尽快运送。

220 怎样稀释疫苗?

各种疫苗对所需的稀释液、稀释倍数及稀释方法都有一定的规定,我们必须严格按照使用说明书进行操作:开启疫苗瓶盖,露出中心胶塞,用无菌注射器抽取5 mL稀释液注入疫苗瓶中,反复摇匀溶解后,吸出并注入准备好的稀释液中;稀释液应首选由疫苗生产商专门提供的疫苗稀释液(如马立克氏病疫苗等),如果未提供,应使用不含消毒剂的蒸馏水、灭菌生理盐水或去离子水稀释,通常自来水中含有杂质,应在煮沸冷却后方可使用(冷开水),气雾免疫时不宜使用生理盐水等含盐类稀释剂;疫苗要现用现配,稀释后应放在阴凉处,避开强光和热源,在1～2小时内用完,特别是在高温育雏的环境下,活毒疫苗稀释后1小时活力即会大大降低甚至丧失活力;疫苗稀释倍数的适当掌握,实际运用中盲目扩大和缩小稀释倍数都不能达到正确使用疫苗的效果。

221 怎样检查疫苗质量?

疫苗质量检查是鸡群接种前的一道必要程序。

(1)检查疫苗外包装　是否洁净完好,标签是否完整,包括疫苗名称、批准文号、生产批号、出厂日期、有效期、使用方法以及生产厂家等内容,不使用过期疫苗。

(2)检查疫苗内部质量　若瓶塞松动、瓶体破裂、内部出现变色、沉淀、发霉、有异物、发臭等现象的,坚决不用。

222 发生疫苗反应时应该怎么处理?

通常所说的疫苗反应是指疫苗免疫产生的副作用,包括疫苗本身的副作用和鸡群状态不同对相同疫苗表现出不同程度的疫苗反应,而机体正常的免疫应答不包括在内。发生疫苗反应后,首先要加强饲养管理,保证鸡舍内安静,温度、湿度适宜，空气质量好，充足饮水，添加电解多维、维生素 C、延胡索酸、黄芪多糖、添加杆菌肽锌等，以增强鸡体抵抗力。若发生疾病，则应采取适当措施进行治疗。

223 怎样给鸡点眼（或滴鼻）免疫？

用滴管将稀释好的疫苗逐只滴入眼内或鼻腔内，刺激上呼吸道、眼角膜产生局部抗体，使机体产生免疫力，适用于弱毒苗，如新城疫 Lasota 疫苗、传支 H_{120} 疫苗等。这是雏鸡免疫常使用的一种方法，能保证每只雏鸡都能得到免疫，且剂量基本相同，产生的抗体也较一致，免疫效果确切。

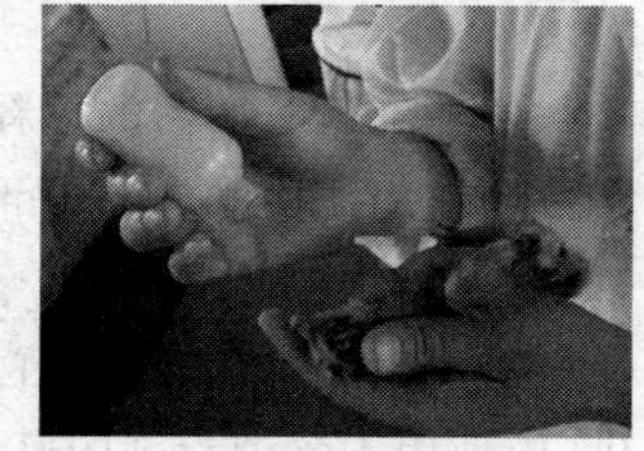

图 7-5　鸡点眼滴鼻免疫

操作时，一手握住一只雏鸡，把鸡的头颈摆成水平的位置，并用食指堵住下侧鼻孔，另一只手用滴管吸取疫苗液垂直滴进雏鸡的眼睛或上侧鼻孔（各 1 滴），稍停片刻，待疫苗吸入后，方可放鸡，防止漏免（图 7-5）。为减少应激，最好在晚上弱光环境下接种。

224 怎样给鸡饮水免疫？

根据鸡的数量，将疫苗混合到一定量的蒸馏水中，让鸡在短时间内饮用完疫苗水，常用于弱毒和某些中等毒力的疫苗，如传染性法氏囊疫苗、新城疫疫苗、传染性支气管炎疫苗等。对于大鸡群和已开产的蛋鸡，为省时省力或减少应激，常采用饮水免疫法。

免疫前，根据鸡只数量确定疫苗用量（疫苗用量加倍），按鸡只年龄大小备好稀释用的蒸馏水、饮水器和脱脂奶粉。免疫前 2～4 小时，停止饮水，正常喂料，当鸡群出现“抢水”现象时，即可开始免疫（图 7-6）。在稀释液中加入 0.2％脱脂奶粉后，将稀释好的疫苗倒入，用清洁棒搅拌均匀，再将疫苗水装入饮水器，迅速放入鸡群中，确保每只鸡均能饮到疫苗水。稀释后的疫苗应在 2 小时内饮完。

图 7-6　鸡饮水免疫

225 怎样给鸡刺种免疫?

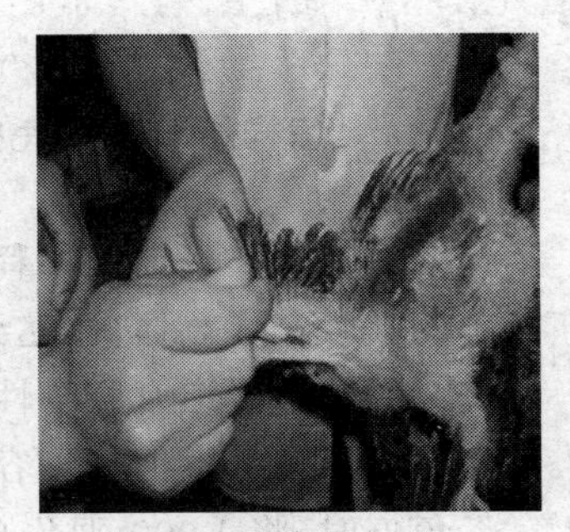

图 7-7 鸡刺种免疫

此法主要用于鸡痘疫苗的接种。先将 1 000 羽份的鸡痘疫苗用 25 mL 灭菌生理盐水或蒸馏水稀释，充分摇匀，将刺种针浸入疫苗溶液，同时展开鸡的翅膀内侧，暴露三角区皮肤，避开血管，把蘸满溶液的针刺入翅膀内侧，直到溶液被完全吸收为止。小鸡刺种 1 针，成鸡刺种 2 针(图 7-7)。

226 怎样给鸡注射免疫?

此法适合于鸡马立克氏疫苗、新城疫Ⅰ系及各种油乳剂灭活苗的接种，是将疫苗注射到鸡的肌内或皮下组织中，刺激鸡体产生抗体(图 7-8a)。

颈部皮下注射。该法用于鸡马立克氏病疫苗，用该疫苗的专用稀释液 200 mL 稀释 1 000 羽份的疫苗，每只鸡注射 0.2 mL。注射时一手握雏鸡，用食指和拇指将颈背部皮肤轻轻提起呈三角形，将针头从两指间沿鸡身体方向 30°角刺入，将疫苗注入皮肤与肌肉之间。

肌内注射。该法用于新城疫、传染性支气管炎、传染性法氏囊等油乳剂灭活苗的免疫。胸部肌内注射时，用针头呈 30°～45°角，于胸部 1/3 处朝背部方向刺入胸肌，切忌垂直刺入胸肌，以免刺破胸腔(图 7-8b)。腿部肌内注射时，用针头朝身体方向刺入外侧腿部肌肉，操作时要避免刺伤腿部血管、神经和骨头。

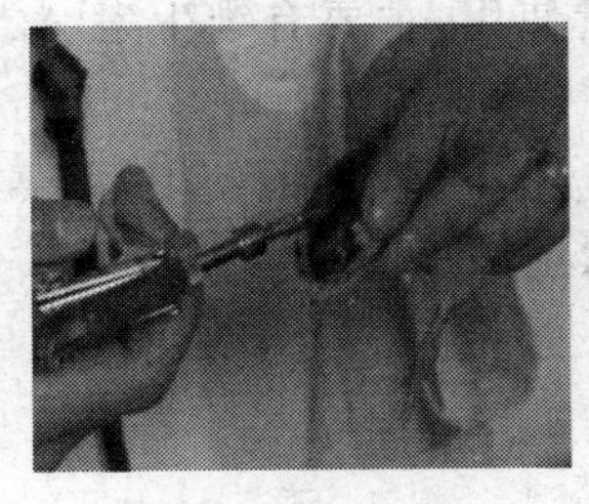

a.颈部皮下注射

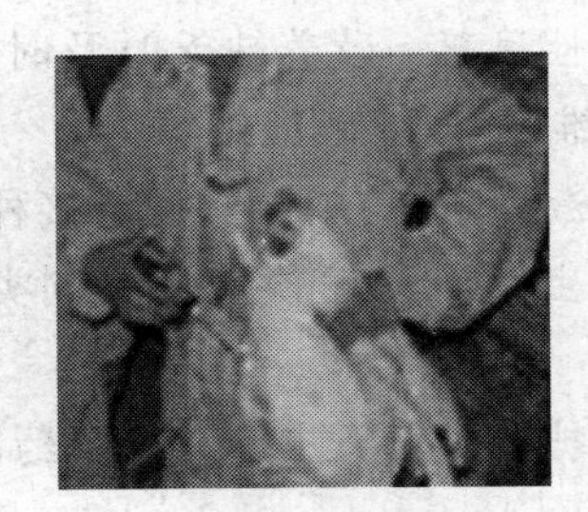

b.肌内注射

图 7-8 注射免疫

227 怎样给鸡气雾免疫?

通过气雾发生器使稀释疫苗形成一定大小的雾化粒子，均匀地浮游于空气中，随鸡的呼吸进入鸡体内，达到免疫接种目的，适用于60日龄以上、密集饲养的鸡群免疫。对于呼吸道有亲嗜性的疫苗效果更佳，如鸡新城疫Ⅳ系弱毒疫苗、传染性支气管炎弱毒苗等。但喷雾容易诱发鸡慢性呼吸道病，且易造成散毒现象。

免疫时，将1 000羽份的疫苗溶解于250 mL蒸馏水或者去离子水中，再加0.1%脱脂奶粉，用清洁棒搅拌均匀，装入疫苗免疫专用喷雾器，喷雾枪距离鸡头上方约50 cm，使鸡周围形成一个局部雾化区，至鸡头、背部羽毛略有潮湿感觉为宜。喷雾免疫前，应关闭门窗和通风设备，最好将鸡只圈于灯光较暗处给予免疫。

228 药物保健的原则是什么?

药物保健是指在平时的饲养管理中将安全廉价的保健添加剂加在饲料、饮水中给鸡群使用，以达到预防疾病发生、促进动物健康生长的作用。药物保健的原则是：不要滥用药物，特别是抗生素和抗球虫药；保健药物要及时投放，剂量适度，避免造成药物浪费、药物残留和药物中毒；同一种药物一个疗程约3～5天，几个疗程不连续使用同一种药物；掌握药物特性和药物的配伍禁忌；合理选择给药途径。药物保健常用药物有：

(1)开口药(第一次用药)　雏鸡进舍后尽快使用，主要有3%～5%葡萄糖水、电解多维、鱼肝油、氨基酸等。

(2)营养性用药　营养缺乏时及时、适量使用，主要有维生素A、维生素E、维生素D、B族维生素、亚硒酸钠等。

(3)抗应激用药　在转群、疫苗接种等应激因素发生前使用，主要有电解多维。

(4)抗球虫用药　轮换使用不同类抗球虫药，常用的有磺胺类、氨丙啉、百球清等。

(5)保肝护肾用药　主要有中草药制剂，如肝肾健等。

229 产蛋鸡忌用哪些药物?

(1)磺胺类药物　磺胺嘧啶、磺胺噻唑、磺胺氯吡嗪、增效磺胺嘧啶、复方敌菌净等，生产上常用于防治白痢、球虫病和其他细菌性疾病，但有抑制产蛋的副作用，

使鸡产软壳蛋和薄壳蛋，产蛋鸡必须禁用，用于雏鸡和青年鸡时必须严格控制剂量和用药天数，以免引起中毒。

(2)呋喃类药物　呋喃唑酮(痢特灵)是防治鸡球虫病、鸡白痢、伤寒的常用有效药物，且价格便宜，但有抑制产蛋的副作用，产蛋鸡不宜使用。

(3)金霉素　常用于防止鸡白痢、霍乱、传染性鼻炎等，它不仅对消化道有刺激作用，损坏肝脏，还能与血浆中的钙结合，形成难溶的钙盐排出体外，阻碍蛋壳的形成，使鸡产蛋率下降，故产蛋鸡群禁用。

(4)抗球虫类药物　氯苯胍、球虫净、克球粉、硝基氯苯酰胺、莫能霉素等，不仅抑制产蛋，还会在鸡蛋中出现残留现象，危害人体健康，故产蛋鸡应禁用。

(5)乳糖　鸡不耐乳糖，尤其产蛋鸡对乳糖敏感，饲料中乳糖含量15%时产蛋会受到明显影响，超过20%则产蛋停滞，严重者泻痢。

(6)拟胆碱药物　新斯的明、氨甲酰胆碱和巴比妥类药物，可影响子宫机能而使产蛋提前，造成产蛋周期异常，蛋壳变薄、产软壳蛋等。

230　什么是药品的有效期和失效期？

有效期指药品在规定的贮存条件下能保证其质量的期限，即使用有效期限。失效期是指药品到此日期即超过安全有效范围。如“有效期 2015 年 10 月”，即为可使用到 2015 年 10 月止。如“失效期 2015 年 10 月”，即为可使用到 2015 年 9 月 31 日止。

231　如何进行鸡群的药物保健？

常通过混饲、饮水等途径投入保健药物，表 7-3、表 7-4 分别是蛋鸡和放养鸡的药物保健参考方案。

表 7-3　蛋鸡药物保健方案

日龄	药物名称及用药方式	主要作用	备注
1	速补+3%～5%葡萄糖饮水 0.01%高锰酸钾(水呈粉红色)饮水	恢复体力，预防应激脱水 预防大肠杆菌和沙门氏菌	饮水保证3小时
2～7	电解多维饮水 恩诺沙星拌料	预防大肠杆菌和沙门氏菌	电解多维饮水至15日龄

续表 7-3

日龄	药物名称及用药方式	主要作用	备注
8～10	黄芪多糖＋维生素 K_3 饮水	增强免疫力，减少断喙出血、应激	连用 3～5 天
12～15	泰乐菌素饮水 电解多维饮水	预防慢性呼吸道病	连用 3～5 天
18～20	磺胺间甲氧嘧啶拌料 电解多维饮水	预防球虫病和细菌性疾病	连用 4～6 天
28～30	保肝护肾药	解除前期用药对肝、肾损害	连用 3 天
45～50	喹乙醇拌料 电解多维饮水	促生长	用 3 天
60	左旋咪唑拌料	驱虫	用 1 次
65～70	利巴韦林饮水 抗病毒中药拌料	预防病毒性呼吸道病	连用 4 天
75～80	环丙沙星饮水 速补＋黄芪多糖饮水	预防呼吸道病 防转群应激、增强免疫力	连用 5 天。注意事项：与氨茶碱、碳酸氢钠有配伍禁忌，与磺胺类药物合用加重对肾脏的负担
90～93	驱瘟止痢散拌料	预防水样腹泻	连用 4 天
105	丙硫咪唑拌料	驱虫	用 1 次
115～120	土霉素饮水 喹乙醇拌料 速补＋黄芪多糖饮水	净化肠道 提高鸡群整齐度 预防细菌病和应激反应	连用 3 天
130～140	阿莫西林饮水 速补＋黄芪多糖饮水	预防输卵管疾病 提高鸡群整齐度 预防细菌病和应激反应	连用 4 天
以后每个月用阿莫西林/氧氟沙星/土霉素/培氟沙星交替饮水，预防输卵管炎；用驱瘟止痢散或利巴韦林拌料，预防消化道和呼吸道疾病，并每个月用保肝护肾药饮水 3 天。			

表 7-4　放养鸡药物保健方案

日龄	药物名称及用药方式	主要作用
1	第一次葡萄糖混饮，以后电解多维饮水	清理胃肠，增强体质
2～6	氟哌酸混饲或环丙沙星、庆大霉素饮水	预防鸡白痢

续表 7-4

日龄	药物名称及用药方式	主要作用
7～10	环丙沙星、恩诺沙星或强力霉素饮水	预防支原体、大肠杆菌
13～20	抗球虫药	预防球虫病
29～32	氟苯尼考饮水	预防细菌病
放养后一周	丙硫咪唑拌料	驱虫
放养鸡在正常情况下禁止使用任何药物		

232 在养鸡生产中如何应用中草药？

中草药有防病保健、促进生长、提高蛋鸡产蛋性能、提高鸡体抗病能力和免疫力、增强疫苗免疫效果及无耐药性等特点，既可作为保健药使用，也可作为治疗药物使用。常用剂型有散剂、煎剂、丸剂、片剂和针剂，还有洗剂、涂剂、喷雾剂、熏烟剂等。常用方法有拌料或饮水(散剂、煎剂)、灌服(散剂、煎剂、丸剂、片剂)、注射(针剂)及外用(洗剂、涂剂、喷雾剂、熏烟剂)。

用中草药喂鸡应注意三个问题：一是注意鸡的生理特点。鸡属阳性之体，体温高，代谢率高，宜选用一些平补消导之类的药物，而不宜用大温大寒药物；二是根据鸡的日龄和生长发育状态恰当用药，如雏鸡补饲消食健胃类药物，产蛋鸡应添加促进代谢的药物，健康不佳的鸡应加入清热解毒的药物；三是根据时令和中药的性能合理用药，春季慎用燥性药物，夏季应适量加入化湿健脾的药物，冬季应用温里滋补的药物，春夏温暖，添加量应相应减少，秋冬寒冷，添加量应相应增加。

233 鸡常用的投药方法有哪些？

(1)口服法

个体给药法。水剂：将鸡保定，用左手拇指和食指捏住鸡冠，压头使稍向上向外侧倒下，口即张开，用右手持滴管将药液滴入口内，使鸡咽下。片剂：将药片掰成绿豆大小块，塞进鸡口里，用滴管滴一滴水，帮助咽下。粉剂：可加少量水与赋形剂，和成丸状，采用片剂给药法进行，也可混入少量水中，采用水剂投药法进行。

群体给药法。混饲给药，是将药物均匀地混入饲料中，让鸡群在采食的同时摄入药物，适用于不溶于水，或适口性较差，或需要长期性投药的药物。混饮给药，是将药物溶于少量饮水中，让鸡只在短时间内饮完，或把药物稀释到一定程度，让鸡只全天自由饮用的方法，适用于鸡群因生病不能采食饲料但还能饮水的情况。

(2)食道注入法　用带有小动物导尿管的玻璃注射器吸取药液，将鸡保定，左手把鸡嘴打开，右手把导尿管送入食道(防鸡窒息死亡)，接上注射器，将药液注入食道内。

(3)注射法　嗉囊注射法：当病鸡张嘴呼吸困难，又急需内服药物时采用，在嗉囊中上部任选注射点，进针深度0.5～1 cm，注射前给鸡喂粒状饲料。肌肉注射法：在胸部或腿部肌肉厚部位，也可在翼根内侧肌肉处，把盛有药液的注射器针头呈30°角度刺入肌肉注射。静脉注射：较少用，注射部位为翼下静脉基部。

(4)外用法　鸡群群体外用药，常采用喷雾和药浴等方法，主要用于杀灭体外寄生虫、蚊、蝇或病原微生物。

234 鸡病的实验室检测方法有哪些？

(1)血液常规检查　适用于对某些疾病的辅助诊断。常用方法有红细胞计数、白细胞计数、白细胞分类计数、血红蛋白含量测定等。

(2)病原学检查　细菌学检查(病料涂片染色镜检、分离培养鉴定)、病毒的分离培养鉴定、寄生虫检查(直接涂片法、饱和盐水漂浮法、水洗沉淀法、血涂片法、悬滴标本法等)、聚合酶链式反应(PCR技术)等。

(3)血清学检查　主要有凝集试验、沉淀试验、中和试验、血凝和血凝抑制试验、补体结合试验、免疫标记技术(荧光抗体技术、ELISA、Dot－ELISA、放射免疫技术、免疫胶体金技术等)等。

235 如何根据鸡羽毛形态改变诊断疾病？

健康成年鸡羽毛整洁、匀称、光滑、发亮。羽毛形态的病理改变是疾病的重要标志。

(1)羽毛蓬松、污秽、无光泽　见于慢性传染病、寄生虫病和营养代谢病。如慢性禽霍乱、慢性副伤寒、蛔虫病、吸虫病、绦虫病以及维生素A和维生素B_1缺乏症等。

(2)羽毛稀少或脱色　见于鸡叶酸缺乏症、烟酸缺乏症、泛酸缺乏症及维生素D缺乏症等。

(3)头颈部和背部羽毛或肛门周围羽毛脱落　见于鸡异食癖、泛酸缺乏症。健康鸡正常换羽也可引起掉毛。

(4)羽毛蓬松、竖立　多见于热性传染病引起的高热、寒战等。

(5)羽毛变脆易断裂　见于外寄生虫病和某些营养缺乏症，如羽螨、羽虱等。

236 如何根据鸡头外观变化诊断疾病？

(1)头部肿大　见于禽流感和肉鸡肿头综合征。

(2)头部皮下胶样水肿　见于肉雏鸡维生素E-硒缺乏症及慢性禽霍乱。

(3)头与颈部均肿大　见于注射油乳剂灭活苗不当，也偶见外伤感染引起的炎性肿胀。

(4)头向一侧转、垂头转颈　多见于新城疫和药物中毒后遗症。

(5)鸡冠、肉髯呈深紫色，触之高热　常见于急性传染病，如新城疫、禽霍乱等，也见于某些中毒病(有机磷农药中毒)和寄生虫病(鸡盲肠肝炎)。

(6)鸡冠、肉髯呈紫黑色，触之温度降低　为病鸡濒死期。

(7)鸡冠、肉髯苍白　见于鸡白冠病(住白细胞虫病)、严重的绦虫病和蛔虫病及结核病、淋巴白血病、马立克氏病。

(8)鸡冠、肉髯有黄白色鳞片状结痂　见于鸡皮肤真菌病(冠癣)。

(9)鸡冠、肉髯有棕色或黑色结痂　见于皮肤型鸡痘，也可见于相互斗殴啄伤。

(10)肉髯水肿、肥厚　见于传染性鼻炎、慢性禽霍乱、肉鸡肿头综合征。

(11)鸡冠、肉髯发育不良　见于马立克氏病、蛋白质缺乏症和某些严重的寄生虫病。

237 如何根据鸡呼吸变化诊断疾病？

鸡若出现呼吸困难、呼吸浅表、呼吸次数增加，则为某些病鸡的临诊表现，也可为鸡活动加剧或气温升高时的正常生理变化。

(1)气喘、呼吸困难、咳嗽　见于鸡支原体病、曲霉菌病、大肠杆菌病、雏鸡肺型白痢、毛滴虫病、衣原体病及氨气过浓所致，偶见于白喉型鸡痘和维生素A缺乏。

(2)咳嗽、气喘、有气管啰音　常见于新城疫、支原体病、传染性支气管炎、传染性喉气管炎、传染性鼻炎，也可见于禽流感和慢性禽霍乱等。

(3)气喘、张口呼吸、吸气困难　见于某些严重的传染病、寄生虫病和营养代谢病及病鸡濒死期和呼吸停止前。

238 如何根据鸡行动异常诊断疾病？

健康鸡活动自在。若出现行动异常、运动障碍则为病鸡。

（1）行走摇晃，步态不稳　见于明显的急性传染病和寄生虫病，如绦虫病等。

（2）两肢无力，行走间或呈蹲伏状　见于佝偻病或骨软症及笼养产蛋鸡疲劳综合征。若行走时有痛感，出现跛行，则见于葡萄球菌或链球菌引起的关节炎及痛风等。

（3）两腿呈"O"形或"X"形或运动失调　见于雏鸡营养代谢病，如维生素D缺乏，或佝偻病，或锰、胆碱、叶酸、生物素缺乏引起的滑腱症及氟中毒引起的骨质疏松等。

（4）两肢交叉行走，跗关节着地　见于雏鸡B族维生素和维生素D缺乏症，也见于禽脑脊髓炎等。

（5）两肢不能站立，仰头蹲伏呈观星状　见于雏鸡维生素B_1缺乏。

（6）两肢麻痹或爪趾蜷缩，不能站立　见于雏鸡维生素B_2缺乏，也见于马立克氏病。

（7）一肢前伸，一肢后伸，呈劈叉姿势　见于马立克氏病。

（8）企鹅样立起或行走　见于母鸡卵黄腺癌引起腹腔内大量积水，偶见于卵黄性腹膜炎和肉鸡腹水综合征。

239 如何根据鸡粪便异常诊断疾病？

正常鸡粪呈条状，在其表面有一层白色的尿酸盐覆盖，软硬适中，多为灰绿或酱紫色。

（1）粪便稀，呈青绿色或黄绿色　多见于新城疫、白冠病、禽流感等，也见于慢性禽霍乱、鸡伤寒等。

（2）粪便稀，呈灰白色，并混有白色米粒样物质　见于各类绦虫病，排出的为绦虫节片。

（3）粪便稀，呈淡黄色　见于雏鸡盲肠肝炎。

（4）粪便稀，呈水样白色　常见于传染性法氏囊病、初期肾型传染性支气管炎，也可见于鸡因闷热突然饮水量增多。

（5）粪便稀，混有黏稠半透明蛋白或蛋黄　常见于卵黄性腹膜炎、输卵管炎和前殖吸虫病，也可见于新城疫等。

（6）粪便稀，并混有小气泡　见于雏鸡维生素B_2缺乏症，也可见于感冒受凉引起的肠内容物发酵等。

（7）粪便稀软并混有暗红色或紫色血黏液　多见于雏鸡球虫病，也可见于盲肠肝炎、禽霍乱、鸡伤寒、副伤寒和出血性肠炎。若粪便呈血水样，则多见于盲肠球虫

病和磺胺类药物中毒等。

(8)粪便稍软,排出量多,周围带水　常见于消化不良,饲料中麸皮或豆饼量高,或长期缺乏沙砾和食盐等。若粪便呈白色奶油状,常见于内脏型痛风、肾型传染性支气管炎、维生素A缺乏、钙磷比例失调或使用磺胺药过量。

240 如何根据鸡蛋外观变化诊断疾病?

(1)鸡蛋外观出现异常　如薄壳蛋、软壳蛋、裂纹蛋、砂皮蛋、皱纹蛋等,一般见于笼养产蛋鸡疲劳症、骨软症及热应激综合征,也可见于某些传染病及其他营养代谢病等。

(2)血壳蛋　常因蛋过大或产道狭窄所致,也多见于刚开产的鸡。若出现血斑蛋,则见于母鸡维生素K缺乏。

(3)小蛋黄,甚至无蛋黄　见于饲料中黄曲霉毒素超标,也可见于某些病毒性传染病。

(4)粉皮蛋　蛋壳颜色变淡或呈苍白色,见于新城疫、禽流感等,也可见于应激后。

(5)无壳蛋　见于卵黄性腹膜炎,或内服四环素类药物,也可见于产蛋时急性应激等。

241 如何剖检病(死)鸡?

病理剖检的顺序应先观察尸体外表,而后用消毒药水将羽毛浸润(如是活鸡,应先放血),再剥皮、开膛、取出内脏,逐项按剖检顺序做认真地系统观察。检查完后,找出其主要的特征性病理变化和一般非特征性病理变化,做出分析比较。

(1)剥开皮肤　先将腹壁和大腿内侧的皮肤切开,用力将大腿按下,使髋关节脱臼,将两大腿向外展开,固定尸体。再于胸骨末端后方将皮肤横切,与两侧大腿的竖切口连接,然后将胸骨末端后方的皮肤拉起,向前用力剥离到头部,使整个胸腹及颈部的皮下组织和肌肉充分暴露,以便检查皮下组织和肌肉是否存在病变(如水肿、出血、结节、变性、坏死等)。

(2)剖开胸腹腔　在胸骨后腹部横切穿透腹壁,从腹壁两侧沿肋骨向前方剪断肋骨和胸肌,握住胸骨用力向上向前翻拉,掀起胸骨,便可打开体腔,观察内部情况(如内脏位置、颜色、腹水性状、有无肿胀、充血、出血、坏死等)。

(3)取出内脏器官　手指伸到肌胃下,向上勾起,从腺胃前端剪断,在靠近泄殖腔处把肠剪断，将整个消化道连同脾脏取出，小心切断肝脏韧带连同心脏一起取出。剪开卵巢系膜，将母鸡卵巢和输卵管取出，暴露出肾脏和法氏囊。公鸡剪断睾丸系膜，取出睾丸。用器械柄钝性剥离肾脏，从脊椎骨深凹中取出。剪开喙角，打开口腔，把喉头和气管一同摘除，再将食道、嗉囊一同摘除。用小镊子将陷于肋间的肺脏完整取出。

(4)剪开鼻腔　从两鼻孔上方横向切断上喙部，断面露出鼻腔和鼻甲骨，用手挤压，检查有无分泌物。

(5)剪开眶下窦　剪开眼下活动嘴角上的皮肤，看到的空腔就是眶下窦。

(6)脑的取出　剥离头部皮肤，用弯尖剪剪开颅腔，露出大脑和小脑，切断脑底部神经，大脑便可取出。

(7)暴露外部神经　在大腿内侧剪去内收肌，暴露出坐骨神经，脊柱两侧、肾脏后部有腰间神经，肩胛和脊椎之间有臂神经，在颈椎两侧、食管两旁可找到迷走神经。

242 禽流感如何防治?

(1)流行特点　由A型流感病毒引起，目前发现的高致病性禽流感是H5和H7亚型，我国将其列为一类传染病，其主要特征为病鸡从呼吸系统到严重的全身败血性症状。禽流感病毒主要通过水平传播，各种日龄的鸡均易感，一年四季均易发，以冬季最为严重。

(2)主要症状及病变

最急性型。多见于高致病性禽流感引起的病例，患病鸡无明显症状而迅速死亡，死亡率可达100%。急性型：病鸡表型为突然发病，采食量和饮水量下降，呆立不动，从第2天起，死亡明显增多，临床症状也逐渐明显，表现为病鸡体温升高，流鼻，流泪，排绿色稀粪，面部水肿，呼吸困难，伸颈甩头，冠和肉呈紫黑色，脚鳞变紫。剖检可见眼睛有干酪样物质填充，腺胃乳头出血，腹膜炎，脾有灰黄色小坏死灶，黏膜、浆膜广泛出血，十二指肠和心外膜严重出血，盲肠扁桃体肿大出血(图7-9)。

低致病型。由低致病毒株感染后形成的低致病力禽流感，鸡群的采食、精神状况和死亡率可能与平时一样正常，或在夜间安静时可听到呼吸啰音，个别病鸡有脸面肿胀。

(3)防治　尚无特效药，灭活疫苗免疫接种。一旦确诊为高致病性禽流感，应就地全部扑杀焚烧。对于低致病力禽流感，如饲养管理良好，并适当使用抗生素药物控制细菌感染，则不会造成重大的死亡损失。

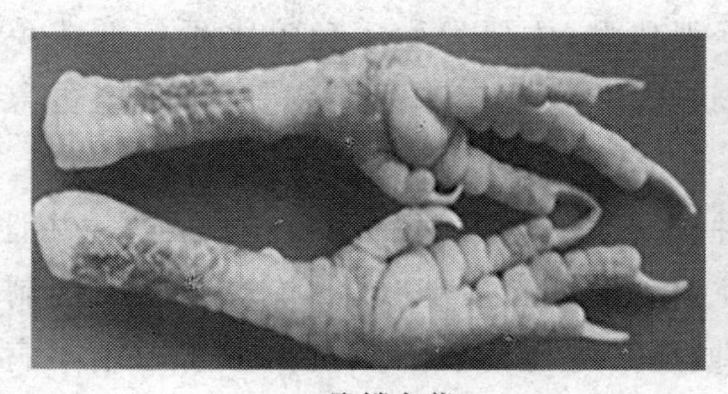

a.脚鳞变紫

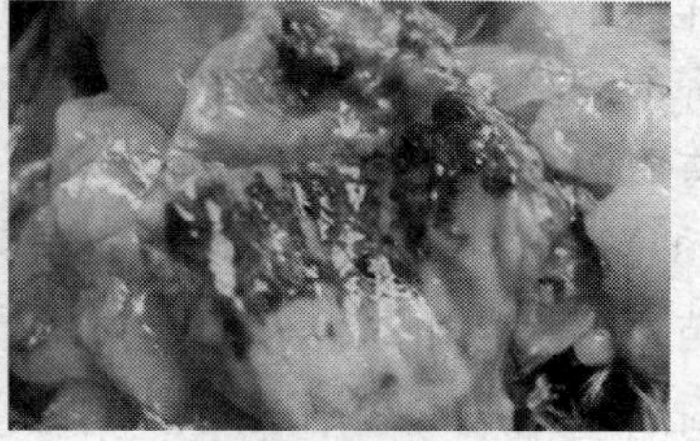

b.腺胃乳头出血

图 7-9　禽流感症状

243 新城疫如何防治？

（1）流行特点　本病俗称“鸡瘟”，由鸡新城疫病毒引起，雏鸡比成年鸡易感性高，以呼吸道和神经症状为特征。新城疫病毒主要通过水平传播，一年四季均可发生，尤以冬春寒冷季节较易流行。幼雏的发病率和死亡率明显高于大龄鸡。

（2）主要症状及病变

最急性型。多见于新城疫爆发初期，鸡群无明显症状而突然死亡。急性型患病雏鸡呼吸困难，发出咕咕声，口流黏液，嗉囊内充满酸臭黏液，倒提可从口腔流出，排绿色粪便，有歪头、扭颈或站立不稳等神经症状。剖检可见腺胃乳头出血（本病特征），肠道弥漫性出血，盲肠扁桃体肿大、溃疡，雏鸡死亡率高（图 7-10）。

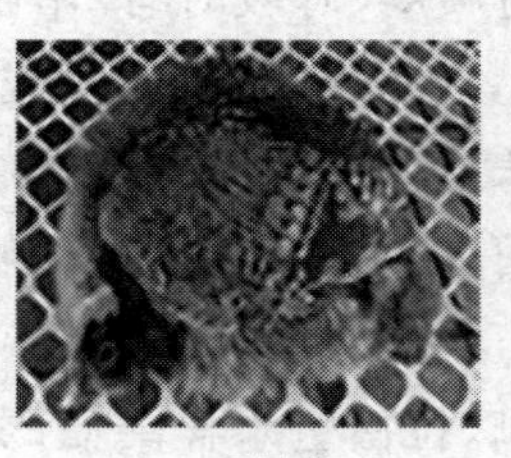

a.观星状

b.呼吸困难

c.嗉囊内充满酸臭黏液

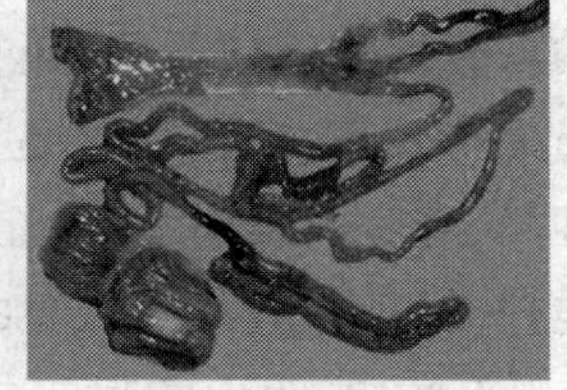

d.肌胃、腺胃、肠道出血

图 7-10　新城疫症状

非典型性新城疫。成年鸡症状不很典型，主要发生于免疫水平偏低或免疫力不整齐的鸡群，临床表现以呼吸道症状为主，发病率和死亡率都不高，产蛋急剧下降或有腹泻症状。

(3)防治　尚无特效药，免疫接种预防发病。发病后用新城疫苗紧急接种，用Ⅵ系苗2倍量点眼、滴鼻，同时肌肉注射油乳剂苗1头份，一周左右即可控制住病情。对于早期病鸡和可疑病鸡，用新城疫高免血清或卵黄抗体注射控制本病的发展，待病情稳定后再用疫苗接种。一些清热解毒、止痢平喘中草药方剂对控制并发症、减少死亡有一定作用。如：黄芩10 g，金银花30 g，连翘40 g，地榆炭20 g，蒲公英10 g，紫花地丁20 g，射干10 g，紫菀10 g，甘草30 g，水煎2次，混合煎液，供100只鸡饮用，每天1剂，连用4～6天。

244 传染性支气管炎如何防治?

(1)流行特点　由传染性支气管炎病毒引起，以呼吸道症状、产蛋下降或肾脏病变为主要特征。各种日龄的鸡均易感，但以雏鸡和产蛋鸡发病较多，尤以40日龄以内的雏鸡发病最为严重，死亡率也高。本病一年四季均可发生，冬季发病最为严重，病毒主要通过水平传播。

(2)主要症状及病变

呼吸型。病鸡呼吸困难，喘息、咳嗽、打喷嚏、呼吸时有“咕噜”气管啰音(夜间容易听清)，窒息而死。成年鸡产蛋量下降，产软壳蛋、畸形蛋或粗壳蛋，蛋白稀薄如水样。剖检可见鼻腔、眶下窦、气管、支气管中有浆液性、黏液性或干酪样渗出物。产蛋母鸡可见卵黄性腹膜炎，腹腔内可发现液体状的卵黄物质，卵泡充血、出血、变形，输卵管缩短(图7-11a、b)。

肾型。病鸡轻微呼吸道症状，急剧下痢，拉白色水样粪便，粪便中含大量白色石灰乳样尿酸盐。病程20～30天，因脱水而死亡。剖检可见肾脏肿大苍白，呈花斑肾，肾小管和输尿管内充满白色的尿酸盐(图7-11 c、d)。

(3)防治　尚无特效药，疫苗接种是预防的主要措施。发生肾型传支时，用各种肾肿药(如肾肿灵、肾肿解毒药)等对症治疗，以加速肾中尿酸盐的排出。呼吸型可用双花10 g，连翘30 g，板蓝根30 g，加水煎成100 mL，喷雾，每日上下午各1次(100羽量)，也可用百咳宁、强力咳喘宁、镇咳散等方剂。

a.呼吸困难

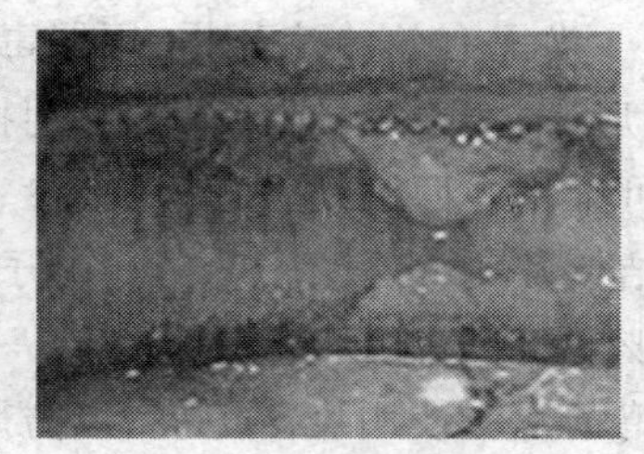
b.气管出血

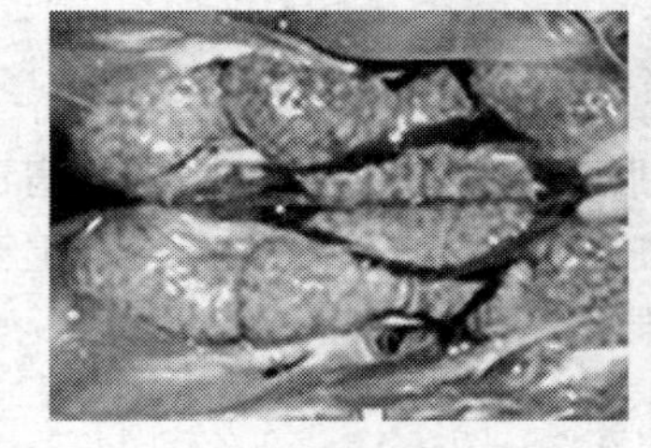
c.花斑肾

d.下痢

图 7-11 传染性支气管炎症状

245 传染性喉气管炎如何防治?

(1)流行特点 由传染性喉气管炎病毒引起急性、高度接触性上呼吸道传染病,主要危害 4 周龄以上的鸡,一年四季均可发病,尤以秋冬、春节多发。病毒主要通过水平传播。

(2)主要症状及病变 呼吸困难、气喘、咳嗽,并咳出血样的分泌物(本病特征),喉头和气管黏膜肿胀、糜烂、坏死及大面积出血(图 7-12),死亡率较高。

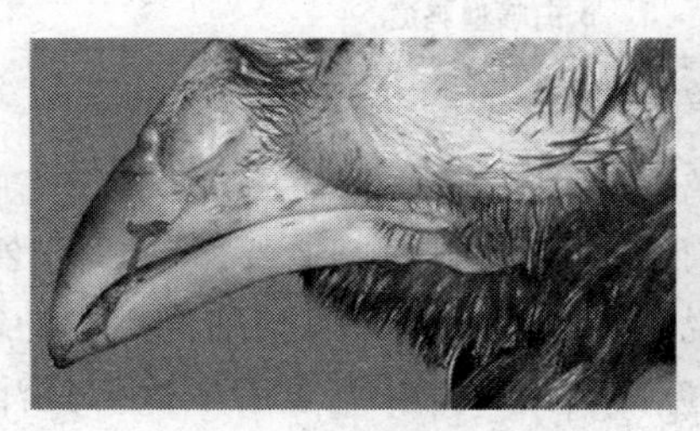
a.咳出血性分泌物

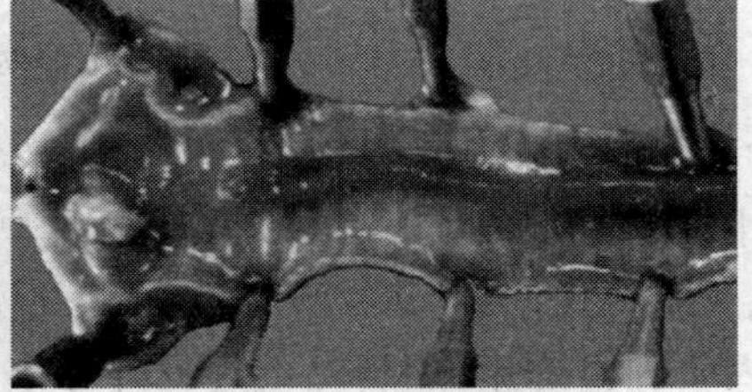
b.气管腔内有血凝块

图 7-12 传染性喉气管炎症状

(3)防治　尚无有效治疗药物,用弱毒疫苗预防接种。对发病鸡群可用弱毒疫苗点眼,接种后5～7天可控制疫情,并用抗菌药物(如泰乐菌素、链霉素等)防止继发感染。也可采用中西医结合疗法:玄参、板蓝根各60 g,金银花50 g,黄芩、黄连、连翘、射干、桔梗各40 g、薄荷30 g,牛蒡子、山豆根、马勃、陈皮、甘草各20 g,粉碎,以1%～1.5%混于饲料中,连用3～5天,同时饮水中加红霉素、维生素C。对未发生过本病的鸡场不应使用疫苗免疫,以防散毒。

246 鸡痘如何防治?

(1)流行特点　鸡痘由禽痘病毒引起,脱落和碎散的痘痂是鸡痘病毒散播的主要形式,通过鸡体损伤的皮肤和黏膜而感染,吸血昆虫在传播中起着重要作用。该病在蚊子活跃的夏秋季最易发,雏鸡和中雏最常发病,死亡率高。

(2)主要症状及病变

皮肤型。以雏鸡多发,在头部无羽毛部(冠、肉髯、眼睑、口角等)发生一种灰白色小结节,并形成大的痘痂,眼睑发生痘痂时,眼缝完全闭合。

白喉型。在口腔、咽喉黏膜发生白色的圆形痘疹,引起呼吸困难,发出"嘎嘎"的声音,严重时窒息而亡(图7-13)。

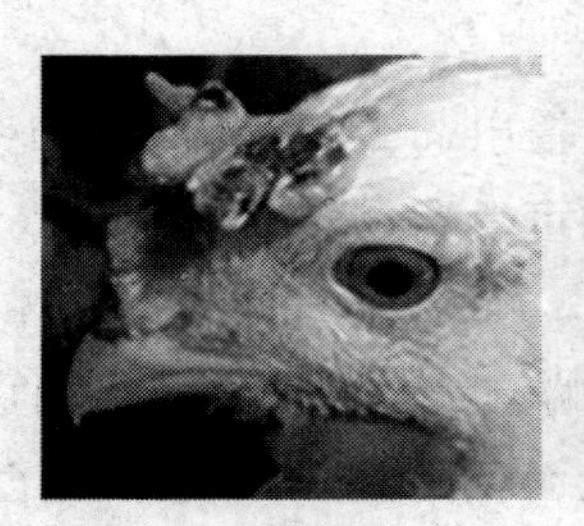

a.皮肤型鸡痘

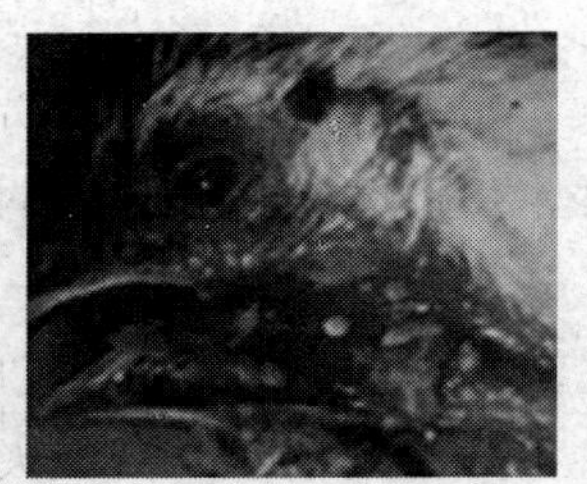

b.白喉型鸡痘

图7-13　鸡痘症状

(3)防治　无特效药治疗,接种鸡痘鹌鹑化弱毒疫苗预防。治疗时可剥除痂皮,或用镊子除去假膜,涂碘甘油。眼部肿胀的,可用硼酸溶液洗净,滴1～2滴氯霉素眼药水。民间有"患鸡痘,用刀豆"的说法,取刀豆的嫩叶、嫩梢捣烂出汁,加少许盐,人工剥去痘痂,用备好的刀豆汁涂布痂面,每天2次,严重者喂饮刀豆汁。也可用中药:金银花、连翘、板蓝根、赤芍、葛根各20 g,蝉蜕、甘草、竹叶、桔梗各10 g,水煎取汁,为100羽用量,拌料或饮水,连服3日,对皮肤型鸡痘有效。

 传染性法氏囊病如何防治?

(1)流行特点　由传染性法氏囊炎病毒引起,是一种严重危害雏鸡的免疫抑制性疾病。以法氏囊肿大、肾脏损害、胸肌和腿肌出血为主要特征。3～6 周龄的雏鸡最易感,病毒通过水平传播。

(2)主要症状及病变　精神不振、厌食,少数鸡调头啄肛,腹泻,排出米汤样白色稀粪,脱水严重,脚爪干燥,极度衰竭死亡,死亡高峰在发病后第 5～7 天,其后迅速下降而恢复。剖检可见病死鸡胸肌、腿肌出血,法氏囊膜肿胀、出血,严重者呈紫色葡萄状,感染 5 天后法氏囊萎缩,呈灰黑色。肾肿大苍白,呈斑纹状,输尿管中有尿酸盐沉积(花斑肾)。腺胃和肌胃交界处黏膜出血、溃疡。盲肠扁桃体出血肿大(图 7-14)。

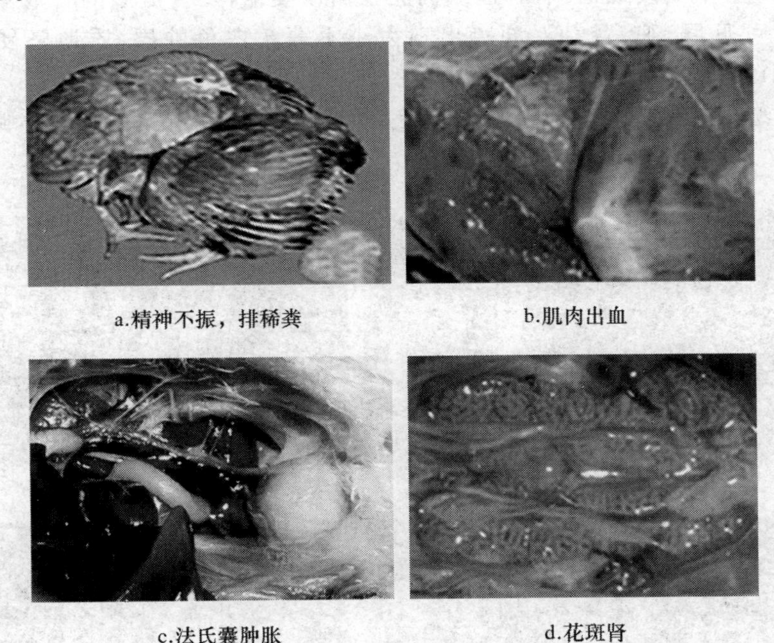

a.精神不振，排稀粪　b.肌肉出血

c.法氏囊肿胀　d.花斑肾

图 7-14　鸡传染性法氏囊病症状

(3)防治　无特效治疗方法,免疫接种是预防的关键措施。发病早期肌肉注射高免血清或卵黄抗体,待鸡群停止死亡后接种传染性法氏囊病活疫苗,同时配合使用各种肾肿解毒药、提高育雏温度、降低蛋白质含量、饮糖水。中草药方剂可取得较好疗效:黄芪 300 g,黄连、生地、大青叶、白头翁、白术各 150 g,甘草 80 g,共 500

只鸡，每日 1 剂，每剂水煎 2 次，取汁加 5%白糖自饮或灌服，连服 2～3 剂。

248 马立克氏病如何防治？

(1)流行特点　由鸡马立克氏病病毒引起的肿瘤性疾病，主要侵害外周神经系统和形成肿瘤为特征，2～5 月龄的鸡发病率高。病毒主要存在于羽毛囊内，随脱落的皮屑和羽毛传播。

(2)主要症状及病变

神经型。病鸡一只腿向前一只腿向后，呈“劈叉状”，不能站立，因衰竭而死。剖检见受侵害的坐骨神经肿胀增粗，横纹消失，呈灰黄色或灰白色，水煮状(图 7-15a、b)，病变往往只侵害单侧神经。

内脏型。病鸡食欲退减，鸡冠或肉髯苍白或萎缩，发育健康的育成鸡急性死亡。剖检可见肝、脾、肾、心、卵巢出现大小不等灰白色肿瘤，质地坚硬而致密(图 7-15c)。

皮肤型。皮肤、肌肉上可见肿瘤结节，毛囊肿大，脱毛，严重感染，小腿皮肤异常红(图 7-15d)。

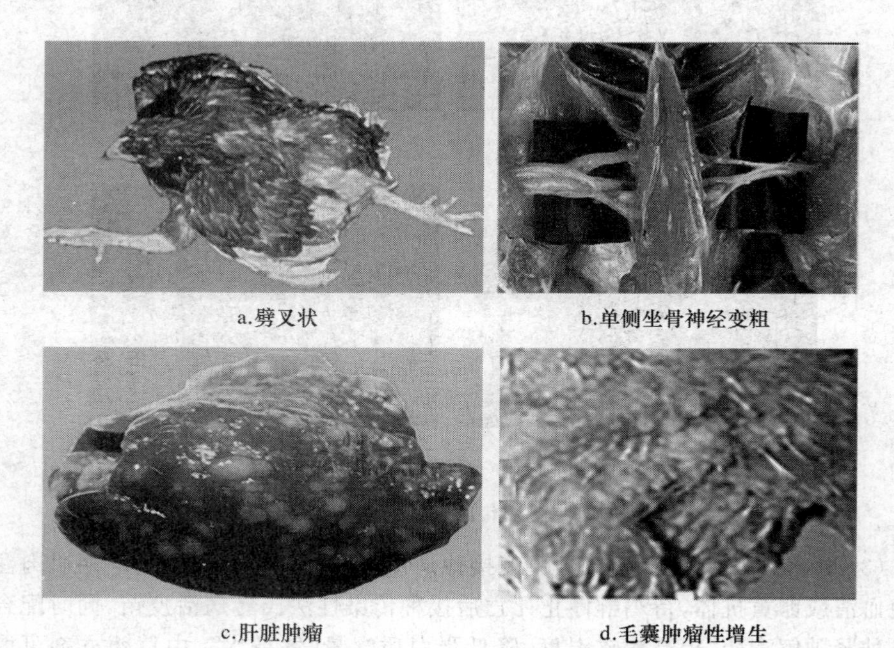

a.劈叉状　b.单侧坐骨神经变粗

c.肝脏肿瘤　d.毛囊肿瘤性增生

图 7-15　鸡马立克氏病症状

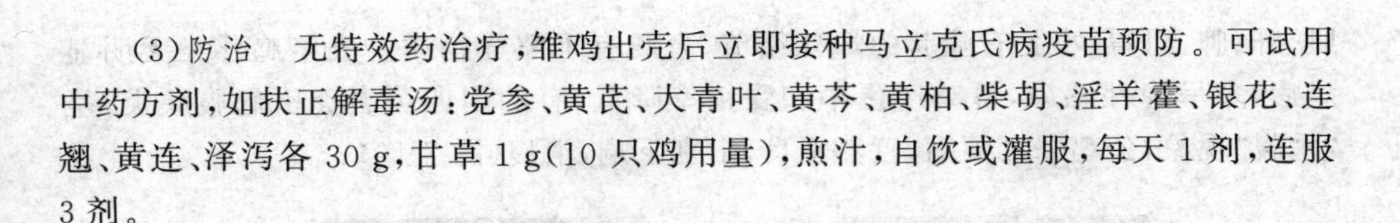

(3)防治　无特效药治疗，雏鸡出壳后立即接种马立克氏病疫苗预防。可试用中药方剂，如扶正解毒汤：党参、黄芪、大青叶、黄芩、黄柏、柴胡、淫羊藿、银花、连翘、黄连、泽泻各 30 g，甘草 1 g(10 只鸡用量)，煎汁，自饮或灌服，每天 1 剂，连服 3 剂。

249　产蛋下降综合征如何防治？

(1)流行特点　由禽腺病毒引起。产蛋高峰期鸡最易感，其中褐壳蛋品系最严重。病毒通过垂直方式传播，被病毒感染的精液和受精蛋可以传播本病。

(2)主要症状及病变　一般无明显症状，在产蛋高峰时突然发病，产蛋量急剧下降，其幅度为 10%～50%不等，持续 4～10 周或更长。薄壳蛋、软壳蛋、小蛋和畸形蛋比例增大，蛋破损率增加。蛋色泽变淡，蛋白如水，蛋黄色淡。本病缺乏特征性的病理变化，剖检可见肝脏肿大，胆囊增大，卵巢萎缩、变小，子宫和输卵管管壁明显增厚、水肿，其表面有大量白色渗出物。

(3)防治　无有效治疗药，疫苗预防接种是防治关键。可用中药方试治。方 1：黄连、黄柏、黄芩、金银花、大青叶、板蓝根、党参各 50g，黄芪、黄药、白药各 30 g，甘草 50 g，加水 5 000 mL，煎汁 2 500 mL，连煎 2 次，共 5 000 mL 药液，加白糖 1 kg，供 50 只鸡饮服，每日 1 剂，连服 3～5 剂，可恢复产蛋率，此方宜在发病初期使用。方 2：党参、黄芪各 20 g，熟地 10 g，女贞子 20 g，益母草 10 g，阳起石 20 g，仙灵脾20 g，补骨脂 1 g，共研末过 60 目筛，按 1.5%拌料混饲，连用 5 天，此方宜在发病后期使用，可使产蛋率迅速恢复。

250　鸡白痢如何防治？

(1)流行特点　由鸡沙门氏菌引起，主要侵害雏鸡，发病率和死亡率都很高。成年鸡感染症状轻或不明显，主要侵害卵巢、卵泡、输卵管和睾丸等器官。感染途径主要是消化道，既可水平感染又可垂直传播。

(2)主要症状及病变　一般潜伏期 4～5 天，雏鸡 5～6 日龄开始发病，第 2～3 周是发病和死亡的高峰。雏鸡主要为败血型和白痢型，表现为精神萎靡，羽毛脏乱，两翼下垂，缩头颈，不吃不动，体温升高，怕冷寒战，常挤在一起或呆立一旁，排出有恶臭的白色糊状稀粪粘在肛门四周的羽毛上，俗称“糊肛”(特征病变)，排便困难，发出尖叫声。若病菌侵入肺部，引起肺炎，病鸡呼吸困难，张口喘气，常因虚弱衰竭死亡。剖检可见肝肿大，呈土黄色，胆囊扩张，脾肿大，卵黄吸收不良，肺、心肌、肝、脾、肌胃、小肠有隆起的坏死结节,盲肠有干酪样物质。成年鸡感染无明显病症,多呈隐性感染,母鸡产蛋率和受精率降低,有的因卵黄囊炎引起腹膜炎,呈"垂腹"现象,公鸡睾丸萎缩,营养不良,个别下痢,消瘦(图 7-16)。

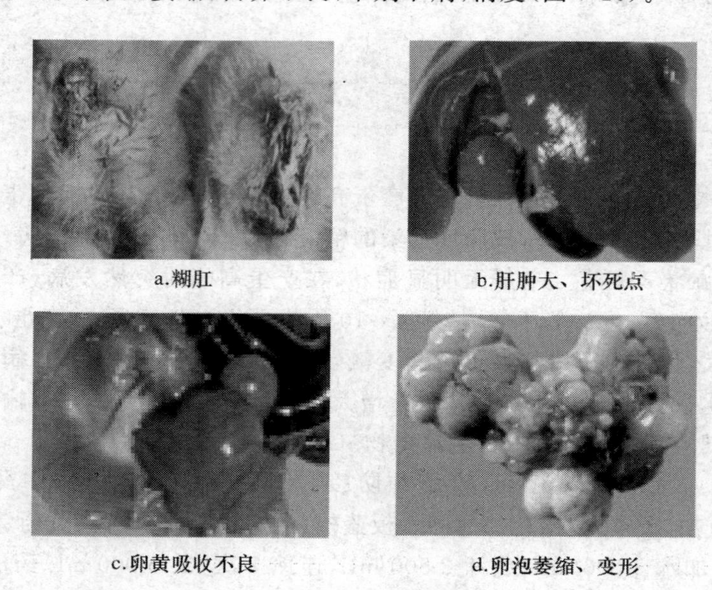

a.糊肛　b.肝肿大、坏死点

c.卵黄吸收不良　d.卵泡萎缩、变形

图 7-16　鸡白痢症状

(3)防治　消灭种鸡群中的带菌鸡是控制本病的有效方法。育雏是关键,要尽量购进无白痢病的鸡苗,育雏头几天饮水中加入恩诺沙星,发病时用复方禽菌灵、强效环丙沙星、氟哌酸、庆大霉素等药物治疗。可试用中药方:每 100 只鸡用黄连、黄芩、黄柏各 30 g,白头翁 50 g,水煎取汁对温开水饮用,每天 2 次(饮药前先断水 2～3 小时),一般 2 天后即愈。

251　鸡大肠杆菌病如何防治?

(1)流行特点　由致病性大肠埃希氏杆菌引起,大肠杆菌在自然界分布极广,本病的发生与鸡群密集、空气混浊、过冷过热、营养不良、饮水不洁、饲料被污染有关,也可成为其他疾病的并发症或继发病,其中以慢性呼吸道病并发或继发本病最为常见。传播途径有五种:蛋壳穿入、经蛋传播、呼吸道和消化道感染、交配感染。各种日龄的鸡都能发生,一年四季均可发生,以冬春寒冷季节多发。

(2)主要症状及病变

急性败血型。病鸡不显症状而突然死亡。部分病鸡精神沉郁,呆立,羽毛松乱，食欲减退，排黄白色稀粪，肛门周围羽毛污染，发病率和死亡率高。这是目前危害最大的一个临诊表现型，通常所说的大肠杆菌病指的就是这个病。剖检时最特征的病变是纤维素性气囊炎、心包炎、肝周炎和腹膜炎(图 7-17a、b)。

卵黄性腹膜炎。俗称"蛋子瘟"，主要发生于产蛋母鸡，常通过交配或人工授精时感染。精神沉郁，不愿活动，肛门周围沾有污秽发臭的排泄物，腹部膨胀、下坠，最后不能采食，中毒而死。剖检可见腹腔积有大量卵黄，呈凝固状，有恶臭味，呈广泛性腹膜炎，腹腔中脏器与肠道粘连。腹腔脏器的表面覆盖一层淡黄色、凝固的纤维素渗出物。卵泡充血、变性、萎缩，呈红褐色或黑红色。输卵管黏膜发炎，管腔内有黄白色的纤维素渗出物(图 7-17c)。

输卵管炎。多见于产蛋期母鸡，产畸形蛋和带菌蛋，严重者减蛋或停产。其剖检特征是输卵管变薄，黏膜充血、增厚，管内充满恶臭干酪样物，阻塞卵管，使排出的卵落到腹腔内而引发腹膜炎。

气囊炎。6～10 日龄小鸡最常见，常继发心包炎、肝周炎、眼球炎等。剖检可见气囊增厚，呼吸道上有干酪样渗出物，肝出血、肿大，呈土黄色。胆囊肿大、墨绿色，心包膜浑浊、肥厚(图 7-17d)。

a.精神沉郁

b.纤维素性肝周炎

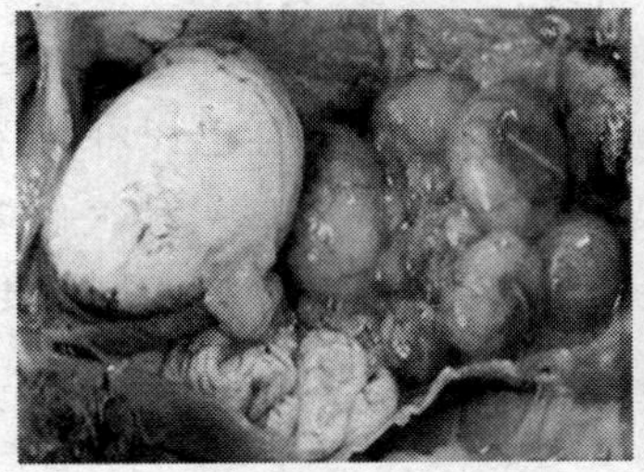

c.卵黄性腹膜炎

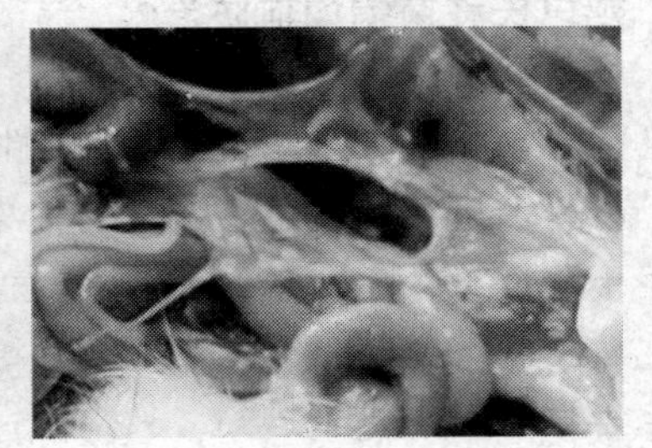

d.气囊炎

图 7-17 大肠杆菌病症状

大肠杆菌性肉芽肿。精神不振，翅下垂，冠与肉髯苍白，食欲下降，口渴，排灰白色稀便，病死率可达50%。剖检可见十二指肠、盲肠、肠系膜、肝脏、心脏等处形成大小不一的肉芽肿，肝脏呈花斑状，肠道有大量赘生物。

鸡胚和幼雏早期死亡。由于蛋壳被粪便污染或产蛋母鸡患有大肠杆菌性卵巢炎或输卵管炎，致使鸡胚卵黄囊被感染，所以，鸡胚在孵出前即死亡。受感染的卵黄囊内容物，从黄绿色黏稠物变为干酪样物或变为黄棕色水样物。被感染的鸡胚若不死亡，则孵出带菌的雏鸡，这部分雏鸡通常在出生后1～2周内发病，成为很重要的传染源。

出血性肠炎。病鸡肛门下方羽毛潮湿、污秽粘连，这是本菌引起腹泻的一种征兆。剖检可见肠黏膜出血、溃疡，肌肉、皮下组织、心肌及干燥都有出血，甲状腺和胰腺肿大出血。

关节炎。幼雏鸡居多，一般呈慢性经过，关节肿胀，跛行或卧地不起，关节腔内有浑浊的关节液。

全眼球炎。日龄较大雏鸡多发，常发生一侧性眼炎眼睛灰白色，畏光，流泪，红眼，角膜浑浊，常因全眼球炎而失明，衰竭死亡。

脐炎。多见于出生后一周内的雏鸡，死亡率高，表现为脐孔周围红肿，腹部膨大，脐孔闭合不全，卵黄吸收不良。

(3)防治　以预防为主，加强对种蛋污染的控制，减少一切应激因素，控制好慢性呼吸道疾病，育雏期适当投药有利控制本病。大肠杆菌对药物易产生耐药性，在治疗前最好做药敏试验，选择敏感药物进行治疗。可选用三黄汤中药方治疗：黄连1份，黄柏1份，大黄0.5份，每天每只每次0.5～1.0 g，水煎，拌料或饮水，连服3～5天。

252　鸡巴氏杆菌病如何防治？

(1)流行特点　又称禽霍乱、禽出血性败血症，由多杀性巴氏杆菌引起。散发或地方性流行，多呈急性经过，发病快，传染快，死亡率高，以春、秋气候多变季节多发，多发生于成年鸡，特别是高产鸡群发病率和死亡率高。病毒主要通过水平传播。

(2)主要症状及病变

最急性型。无明显症状，突然倒地死亡。急性：体温升高，精神委顿，少食或废食，羽毛蓬松，呼吸困难，鸡冠和肉髯肿胀、发绀，剧烈腹泻，排污绿色或红色稀粪，衰竭死亡(图7-18)。剖检见败血症，全身黏膜有小出血点，肝肿大、质脆，表面密布针尖大小灰黄色或灰白色坏死灶和出血点(特征病变)。

慢性型。消瘦、贫血,持续下痢,鸡冠苍白,肉髯肿胀,关节肿大,跛行,翅下垂。剖检见肺硬变,关节肿大、变形,有炎性渗出和干酪样坏死。蛋鸡可见卵巢出血、卵黄破裂。

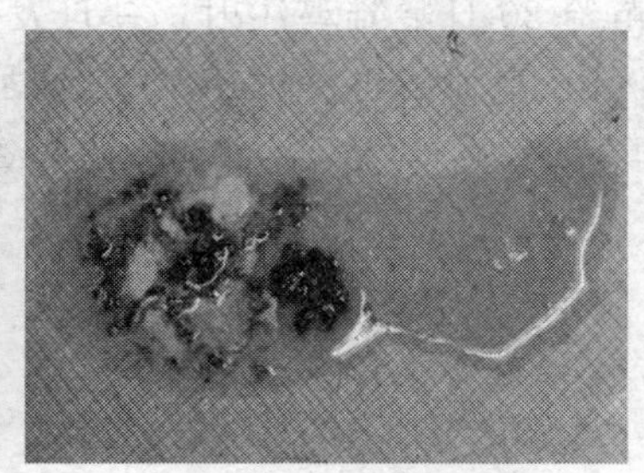

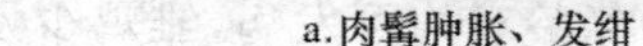

a.肉髯肿胀、发绀　　b.绿色稀便

图 7-18　巴氏杆菌病症状

(3)防治　预防关键是加强饲养管理。流行区域可免疫接种,最理想的菌苗是禽霍乱自家灭活苗,从未发生本病的鸡场不进行疫苗接种。发病时可选用敏感抗生素或磺胺类药物治疗,健康鸡用禽霍乱自家灭活苗紧急接种。可用中药方试治:黄芪、蒲公英、野菊花、双花、板蓝根、葛根、雄黄各 350 g,藿香、乌梅、白芷、大黄各 250 g,苍术 200 g,共研末,按 1.5%拌料饲喂,连喂 7 天。

253 鸡葡萄球菌病如何防治?

(1)流行特点　由金黄色葡萄球菌引起,大多通过外伤感染,急性为败血型,死亡率高达 90%以上,慢性死亡率为 10%。以 30～90 日龄中雏易发,7～8 月份为发病高峰期。

(2)主要症状及病变

急性败血型。胸部、翅膀及大腿内部羽毛稀少或脱毛,皮肤浮肿,呈紫黑色,流出多量粉红色液体,剖检见心冠脂肪出血,肝、脾肿大、充血,肠系膜出血。

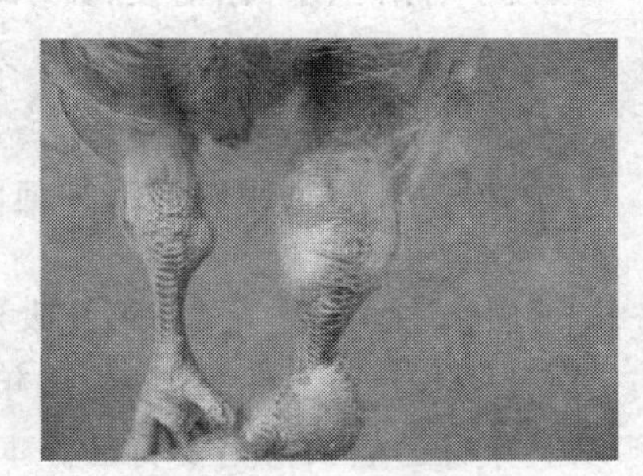

图 7-19　关节肿胀

慢性型。又分为关节炎型、皮肤型、眼型、脐带炎型。关节炎型的鸡腿部关节肿胀,呈青紫色,喜卧、跛行,剖检见病变关节囊内有干酪样物和脓液(图 7-19);皮肤型的鸡皮肤破溃,腹部皮下水肿，皮下常见化脓病灶或局部坏死；眼型的鸡上下眼睑肿胀，有脓性分泌物，失明，多因寻食困难饥饿而死；脐带炎型的多为刚孵出的雏鸡发病，脐部肿大，紫黑色，间有分泌物。

（3）防治　防止外伤的发生，定期带鸡消毒，常发地区可用葡萄球菌多价氢氧化铝灭活苗给20日龄雏鸡注射。一旦发病，选择敏感抗生素全群给药治疗，还可选用清热泻火、凉血解毒的中药治疗，如加味三黄汤：黄芩、黄连叶、黄柏、焦大黄、板蓝根、茜草、大蓟、车前子、神曲、甘草各等份，每只鸡每天2 g，每天1剂，连用3天。

254 传染性鼻炎如何防治？

（1）流行特点　由副鸡嗜血杆菌引起。各种年龄鸡均可发病，雏鸡少发，主要通过水平传播。以秋冬、春初多发。本病的发生与一些能使机体抵抗力下降的诱因密切相关，饲养密度大、通风不良、寒冷潮湿、维生素A缺乏可诱发。

（2）主要症状及病变　鼻腔和窦发炎，流水样鼻液，打喷嚏，颜面部肿胀，并伴发结膜炎，伴有下痢，母鸡产蛋减少至停产，公鸡肉髯肿大，发病率高而死亡率低。剖检可见鼻腔和窦黏膜充血、肿胀，窦腔内有渗出物凝块及干酪样坏死物（图7-20）。

图7-20　颜面肿胀

（3）防治　消除诱因。用传染性鼻炎多价油乳剂灭活苗免疫接种可有效预防本病。一旦发病，紧急接种传染性鼻炎灭活苗，并用磺胺类药物配合使用红霉素、泰乐菌素和壮观霉素等，疗效较好。中草药方剂治疗可用开窍散：白芷、防风、益母草、乌梅、猪苓、诃子、泽泻、辛夷、桔梗、黄芩、半夏、生姜、葶苈子、甘草各等份，每鸡每天1.0～1.5 g，拌料或煎汁饮水，连用5天。

255 鸡慢性呼吸道病如何防治？

（1）流行特点　又称鸡呼吸道支原体病或鸡败血霉形体病，是由鸡毒支原体引起。以4～8周龄幼鸡易感，成年鸡发病症状轻微，很少死亡。冬季多发。临床上以上呼吸道症状为主要特征。本病既可水平传播又可垂直传播。

（2）主要症状及病变　咳嗽、流鼻涕，呼吸时有啰音，常与大肠杆菌混合感染，死亡率增高。剖检可见鼻道、气管、支气管及气囊有浑浊黏稠的渗出物，气囊变厚混浊，气囊壁上出现干酪样渗出物，如有大肠杆菌混合感染时，可见心包炎和肝周炎(图 7-21)。

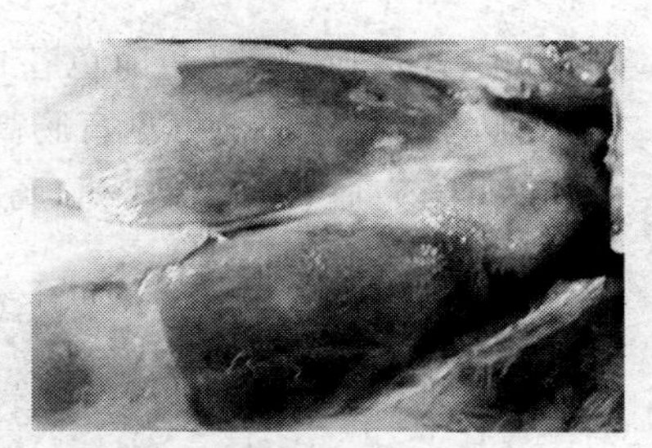

图 7-21　肝周炎

(3)防治　消除种蛋内支原体，建立无病鸡群是最有效办法。泰乐菌素、泰妙菌素、强力霉素、北里霉素、红霉素、恩诺沙星、链霉素、红霉素治疗有效。可选用济世消黄散方剂治疗：黄连、黄柏、黄芩、栀子、黄药子、白药子、款冬花、知母、贝母、郁金、秦艽、甘草各 10 g，大黄 5 g(100 只成鸡 1 天用量)，温开水煎 3 次，饮服，连用 3～5 天。

256 鸡曲霉菌病如何防治？

(1)流行特点　又称鸡霉菌性肺炎，是由多种霉菌引起。其特征为呼吸道(尤其是肺和气管)发生炎症和形成霉菌性小结节。主要的病原体是烟曲霉菌，其次是黄曲霉菌、黑曲霉菌等。多发于雏鸡，成鸡少发，呈慢性经过。鸡群通过呼吸道和消化道感染发病，如果孵化过程中孵化器被严重污染，霉菌可穿透蛋壳而感染此病，以致刚孵出的幼雏即可出现症状。

(2)主要症状及病变　咳嗽，气喘，呼吸困难，有啰音，病情后期发生腹泻，冠髯发绀，闭目昏睡，最后窒息死亡。剖检可见口腔和喉头含有多量的黏液，肺、气囊、胸腹腔浆膜表面形成曲霉菌性结节或霉斑。

(3)防治　不使用发霉的垫料和不饲喂发霉的饲料时预防本病的主要措施。发病后，可选用制霉菌素、硫酸铜、恩诺沙星或环丙沙星、克霉唑等进行治疗。也可用清咽利喉、平喘解毒的中药治疗：鱼腥草 100 g，蒲公英 50 g，连翘 30 g(100 只雏鸡量)，煎汁饮用，每天 1 剂，连用 3～4 天。

257 鸡球虫病如何防治？

(1)流行特点　病原是艾美耳属球虫，4～6 周龄发病率最高，特别是地面平养的鸡易发，成年鸡多为带虫者，雏鸡吃入有活力的孢子化卵囊而发生感染。被带虫鸡粪便污染过的饲料、饮水、垫料和尘埃是主要传播媒介。该病通常在雨水较多的春夏季多发。

(2)主要症状及病变　精神萎靡，食欲减退，羽毛脏乱，闭目呆立，翅膀下垂，消瘦，重症者贫血，鸡冠和面色苍白，1～2 天即可发生死亡，最具诊断特征的症状是排带血的粪便。剖检可见盲肠高度肿胀，为正常的 3～5 倍，出血严重，肠腔内充满血液，小肠充血、出血和坏死，肠壁增厚(图 7-22)。

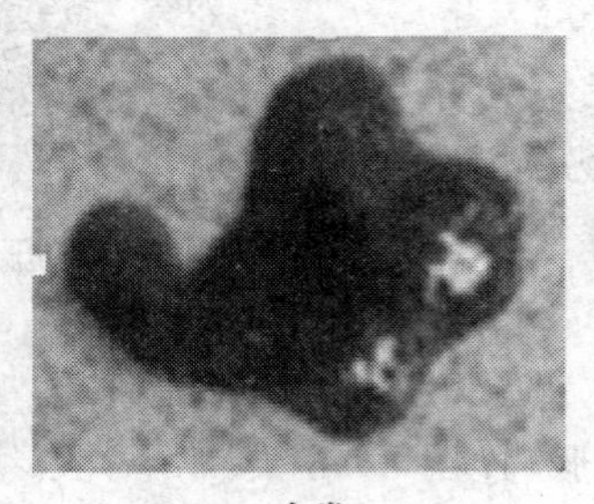
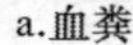

a.血粪

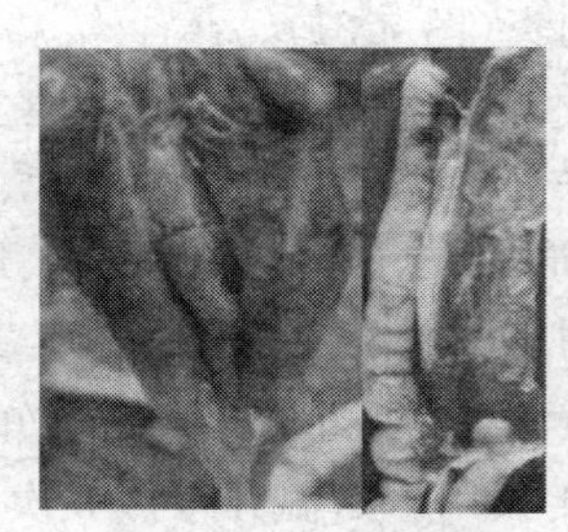

b.盲肠肿胀、充血

图 7-22　球虫病症状

(3)防治　用抗球虫药预防和治疗有效，疫苗免疫预防。也可用中草药治疗，方 1：常山，雏鸡 0.3～1.0 g/次，成鸡 1.5～2.0 g/次，水煎取汁，拌料或灌服，每天 2 次(每天 1 剂，分 2 次灌服)，连服 3～5 剂。方 2：黄连、苦楝皮各 6 g，贯众 10 g，水煎取汁，雏鸡分 4 次，成鸡分 2 次服，每天 2 次，连服 3～5 天。

258 鸡绦虫病如何防治？

(1)流行特点　由赖利属的多种绦虫寄生于鸡的十二指肠引起，17～40 日龄雏鸡易感性最强，死亡率最高。多发生于夏秋季节，鸡因采食含有绦虫卵囊的中间宿主(绦虫存活的动物体：如蚂蚁、金龟子等)而感染。

(2)主要症状及病变　食欲不振，精神沉郁，生长发育缓慢，羽毛松乱，双翅下垂，鸡冠苍白，贫血，极度衰弱，两足常发生瘫痪，不能站立，最后因衰竭而死亡。剖检可从小肠内发现虫体，肠黏膜出血、增厚，肠道炎症，肠道有灰黄色的结节，其内可找到虫体或黄褐色干酪样栓塞物(图 7-23)。

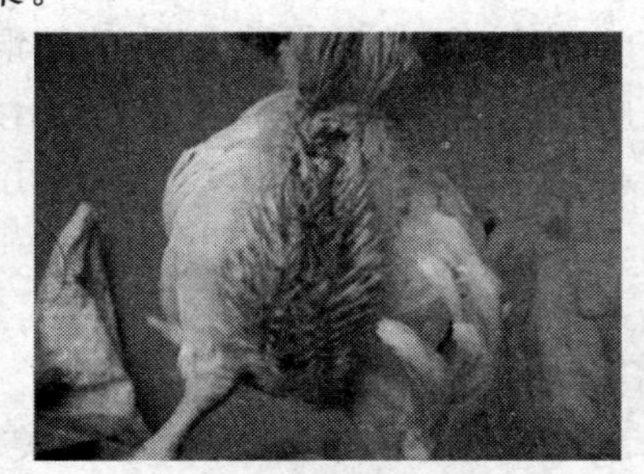

图 7-23　鸡绦虫病

(3)防治　关键是消灭中间宿主，做好防蝇灭虫工作。建议在 60 日龄和 120 日龄各预防性驱虫一次。治疗可用丙硫咪唑、吡喹酮等。也可用烟草煎剂：市售黄烟 500 g，加水 2 500 mL，煎汁 500 mL，每只鸡 4 mL，药后 3 小时喂食，1 周后再给药 1 次。

259 鸡蛔虫病如何防治？

(1)流行特点　由鸡蛔虫寄生于鸡小肠内引起的寄生虫病。蛔虫在鸡体内交配、产卵，虫卵可在鸡体内生长也可随粪便被排出体外，地面上的虫卵被鸡啄食后进入体内造成鸡群感染。3月龄以下雏鸡最易感染，成年鸡感染后不表现症状，不断随粪便排出虫卵。

(2)主要症状及病变　幼鸡食欲减退，生长迟缓，呆立少动，消瘦虚弱，羽毛松乱，两翅下垂，胸骨突出，下痢和便秘交替，有时粪便中有带血的黏液，以后逐渐消瘦而死亡。成年鸡一般轻度感染，严重感染的表现为下痢，日渐消瘦，冠髯苍白，产蛋下降，蛋壳变薄。剖检时可见小肠内大小如细豆芽样的线虫，堵塞肠道，肠黏膜发炎、水肿、充血。成年蛔虫虫体呈黄白色(图7-24)。

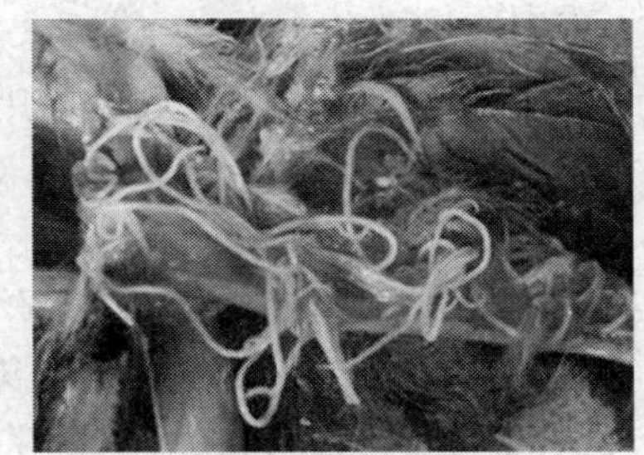
图7-24　鸡蛔虫病

(3)防治　做好鸡舍清洁卫生工作。鸡群每年1～2次服药驱虫，口服左旋咪唑片剂治疗有效。中药驱虫散：槟榔子125 g，南瓜子、石榴皮各75 g，共研末，按2%拌料，空腹饲喂，每日2次，连用2～3天。也可用生南瓜子，每只鸡喂6～9 g。

260 鸡住白细胞原虫病如何防治？

(1)流行特点　由住白细胞原虫引起的以出血和贫血为特征的寄生虫病，主要寄生于白细胞、红细胞以及一些内脏器官内。该病在南方省区较普遍，呈地方性流行，雏鸡、青年鸡发病率和死亡率较高，传播媒介是库蠓和蚋，通过叮咬而传播，夏季多发。

(2)主要症状及病变　食欲不振，精神沉郁，流涎，下痢，粪便呈青绿色。贫血严重，鸡冠和肉垂苍白，有的可在鸡冠上出现圆形出血点，故本病亦称为“白冠病”(图7-25)。剖检可见全身性出血，皮下出血，肌肉出血，内脏器官广泛出血。胸肌、腿肌、心肌以及肝、脾等实质器官常有针尖大至粟粒大的白色小结节，肝脾肿大。

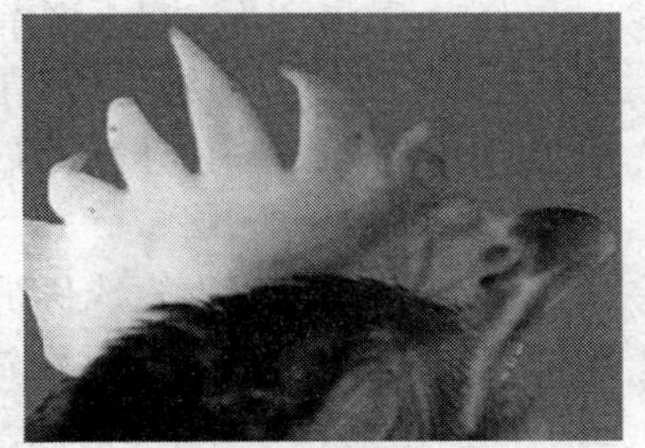
图7-25　鸡冠、肉垂苍白

(3)防治　杀灭库蠓和蚋。用复方泰灭净、磺胺喹噁啉、可爱丹药物预防或治疗。中药方：黄芩、地榆、木香、白芍、墨旱莲、常山、苦参各 20 g，共成粉，拌料 500 kg 混饲，连用 5 天。或用常山白头翁汤：常山 150 g，白头翁 120 g，苦参 100 g，黄连 40 g，秦皮、柴胡、甘草各 50 g，水煎 2 次，取汁 3 000 mL，每只鸡每天 1 次，每次 3～5 mL，灌服或饮水，连用 3～5 天。

261 鸡盲肠肝炎如何防治？

(1)流行特点　由火鸡组织滴虫寄生于鸡盲肠和肝脏引起。温暖潮湿季节多发，4～6 周龄雏鸡易感性较高，死亡率也最高，成鸡一般为隐性经过，病情较轻，但是重要传染源。

(2)主要症状及病变　食欲不振，羽毛松乱，畏寒扎堆，下痢腹泻，排淡黄色或淡绿色粪便，重者带血，肛门污染。头部皮肤紫蓝色或黑色，故又称“黑头病”。病变主要局限在盲肠和肝脏，急性仅见盲肠中有血液，典型病例可见盲肠肿大，内有干酪样栓子，盲肠似“香肠”样。肝脏体积增大，表面有圆形或不规则形稍凹陷溃疡灶，中心黄色或淡绿色。有时溃疡灶融合成大片溃疡区。

(3)防治　定期驱杀异刺线虫是关键。治疗可选用甲硝唑，同时水中加肝乐泰、多维葡萄糖对症治疗。中药可用龙胆泻肝汤：龙胆草(酒炒)、栀子(酒炒)、黄芩、柴胡、生地、车前子、泽泻、木通、甘草、当归各 20 g，供 100 只鸡煎汁饮服。

262 鸡羽虱如何防治？

(1)流行特点　由羽虱寄生于鸡体表引起，大都寄生在鸡的肛门下面，胸、背、翅膀下面也有，以羽毛、皮屑、血痂为食引起病鸡奇痒。通过直接接触传播或经污染的用具感染。秋冬季是羽虱传播的最佳季节。

(2)主要症状及病变　瘙痒，不安，羽毛受损、脱落，消瘦和贫血，幼雏生长发育受阻，甚至死亡，成年鸡产蛋量下降，有时可见皮肤上形成痂皮，皮下有出血(图 7-26)。

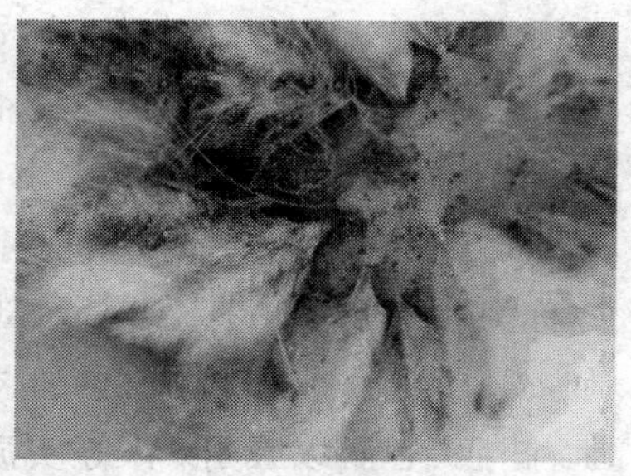

图 7-26　鸡羽虱

(3)防治　阿维菌素或伊维菌素拌料，连用 3 天，停 2 天，再用 3 天。撒粉法治疗：用 0.5%敌百虫、5%氟化钠、2%～3%的除虫菊酯或 5%硫黄粉等装在两层纱布的小袋内，把药粉撒到鸡体的各个部位，并搓擦羽毛，使药粉分布均匀，拍打鸡体去掉多余的药粉。沙浴法治疗：将5%硫黄粉、3%除虫菊酯等与细沙拌匀，让病鸡沙浴，隔10天左右再重复一次。中药治疗：百部1 000 g，加水50升，煮沸30分钟（开锅后即用小火），用纱布过滤，药渣加水35 L再煮30分钟后过滤，两次滤液混合，可供200只鸡用2次，患部涂擦或药浴。

263 鸡鳞足螨病如何防治？

(1)流行特点　鳞足螨寄生于腿部鳞片下，并在深处产卵繁殖，引起腿部特征性皮炎病变。常寄生于年龄较大的鸡群身上。

(2)主要症状及病变　患肢皮肤粗糙，并发生裂缝，有白色渗出物。渗出物干燥后形成灰白色痂皮，如同涂有石灰样，故称“石灰脚”。患肢皮肤常因瘙痒而损伤，严重者行走困难。

(3)防治　病鸡隔离治疗。病鸡鸡脚泡入温肥皂水中，除去痂皮后，用硫黄软膏涂擦患肢，每天2次，7天一个疗程。中药方：百部、贯众各50 g，加水2 000 mL，煮沸待温敷洗，一般1～3次即愈。

264 鸡膝螨病如何防治？

(1)流行特点　鸡膝螨寄生于鸡的羽毛根部。多发生于夏季。

(2)主要症状及病变　寄生部位剧烈瘙痒，因痒而啄掉大片羽毛，全身羽毛几乎全部脱落，故称“脱羽症”。因摩擦导致皮肤充血、出血和结痂。

(3)防治　同“鸡羽虱防治”。

265 鸡啄食癖如何防治？

(1)流行特点　饲养密度大、舍内光线过强、营养缺乏是主要原因，鸡群中有疥螨病、羽虱外寄生虫病、皮肤外伤流血、母鸡输卵管脱垂等也可成为诱因。

(2)主要症状及病变

啄羽癖。幼鸡开始生长新羽毛易发生，产蛋鸡换羽期也可发生，先由个别鸡自食或互啄食羽毛，很快传播开，背羽、尾羽被啄掉，成光毛鸡，甚至啄伤、啄死。

啄肛癖。母鸡过肥，难产造成脱肛，或拉稀脱肛，易发生啄肛（图7-27）。

啄蛋癖。多见于产蛋鸡，饲料中缺钙和蛋白质不足，母鸡自产自食或相互啄食蛋。

啄趾癖。幼鸡喜欢互啄食脚趾，引起出血或跛行症状。

(3)防治　雏鸡断喙，是防止产蛋鸡啄癖的最有效措施，同时降低密度、减少光照强度。一旦发现被啄鸡只，立即隔离饲养，涂擦紫药水。鸡啄羽癖可能与含硫氨基酸缺乏有关，在饲料中加入1%～2%石膏粉；放养鸡容易发生缺盐引起的恶癖，在日粮中添加1%～2%食盐，供足饮水，恶癖很快消失，随之恢复并维持在0.25%，以防食盐中毒；防外伤留血，及时治疗外寄生虫病。中药方：贝壳50 g，甘草10 g，羊骨50 g，地龙干30 g，共研末，加白糖少许，每只1次5 g，1日3次。

图 7-27　鸡啄肛

266 鸡痛风如何防治？

(1)流行特点　该病又叫尿酸盐沉着症，是由鸡蛋白质代谢障碍引起的营养代谢病。其主要特征是鸡内脏器官、关节、软骨和其他间质组织有白色尿酸盐沉着。可分为关节型和内脏型两种。3～4日龄的雏鸡发生内脏型通风，死亡率可达50%。

(2)主要症状及病变

关节型。关节肿胀、变形、运动障碍，剖检见关节内充满尿酸盐。

内脏型。消瘦、贫血，冠髯苍白，排含尿酸盐的白色稀粪，剖检见肾脏肿大，花斑肾，有尿酸盐沉积，输尿管变粗，充满尿酸盐，重者，心包、肝、脾、肠系膜及腹膜均有尿酸盐沉积。

(3)防治　本病的发生与饲喂大量蛋白质饲料同时伴有肾脏机能不全有关，以预防为主：适当减少饲料中蛋白质特别是动物性蛋白质含量，供给充足饮水和青绿饲料，避免影响肾功能的各种因素发生。中药治宜清热导赤、排石通淋，方用八正散：木通、车前子、萹蓄、灯芯草、栀子、甘草梢、鸡内金各100 g，大黄、海金沙各150 g，滑石、山楂各200 g，共研末，混饲，1 kg以下鸡每只每日1～1.5 g，1 kg以上鸡每只每日1.5～2.0 g，连喂5天，或将以上药加水煎汁，自由饮服，连饮5天。

267 鸡佝偻病如何防治?

(1)流行特点　钙、磷、维生素 D_3 缺乏或不平衡引起的雏鸡营养缺乏症。以跛行、骨骼变形为特征。

佝偻病常常发生于6周龄以下的雏鸡。

(2)主要症状及病变　跛行,行走不稳,生长速度变慢,腿部骨骼变软而富于弹性,关节肿大,跗关节尤其明显。病鸡休息时常蹲坐姿势,病情严重时可瘫痪。但磷缺乏时,一般不表现瘫痪症状。

(3)防治　若日粮中缺钙,应补充贝壳粉、石粉,缺磷时应补充磷酸氢钙。钙磷比例不平衡要调整。若日粮中维生素 D_3 缺乏,应给以3倍于平时剂量的维生素 D_3,2～3周后再恢复到正常剂量。

268 笼养蛋鸡产蛋疲劳症如何防治?

(1)流行特点　该病是营养代谢疾病,又称笼养鸡瘫痪症,常见于高产鸡,产蛋旺季尤多发生。此病发生具有群发性,常给养鸡业造成严重经济损失。

(2)主要症状及病变　病鸡初期喜卧,两肢关节软而痛,鸡爪弯曲,站立困难,最后瘫痪,侧卧于笼内,极度消瘦,衰竭死亡。产软壳蛋和薄壳蛋,产蛋量明显降低。

(3)防治　注意饲料中钙、磷以及维生素的供给,如开产前一周补钙,补喂维生素 D_3,同时促进鸡群运动。对病鸡可喂服2～3滴鱼肝油,每天3次,隔离饲养,铺上稻草或厚纸,经过一周便开始自愈。

269 肉鸡腹水综合征如何防治?

(1)流行特点　生长快的肉鸡冬季多发,公鸡比母鸡更易发病。多发于4～5周龄的肉仔鸡。

(2)主要症状及病变　腹部膨大,触之有波动感,皮肤变薄、发亮,呈暗褐色,呈企鹅状站立。呼吸困难,冠紫。剖检见腹腔积水,淡黄色或红色透明液体,肝肿大、质脆,晚期肝变小、硬化,心包积液,心肌肥厚,肺水肿,脾水肿、淤血。偶见纤维素性心包炎、气囊炎、肝周炎。

(3)防治　加强鸡舍通风。发现病鸡可口服双氢克尿噻每只50 mg,每天2次,连用3天,或肾肿灵2%饮水。中药可用冬瓜皮饮:冬瓜皮100 g,大腹皮25 g,车前子30 g(为300只1 kg体重鸡用量),水煎服,一般1剂即可。

270 肉鸡猝死综合征如何防治?

(1)流行特点 该病又称急性猝死综合征,死亡率在0.5%～5%,其中公鸡占总死亡率的70%～80%。主要发生于生长特快、发育早、体重大的幼龄肉仔鸡,蛋鸡初产多发,肉种鸡20～28周龄多发。

(2)主要症状及病变 发病前无明显征兆,行动突然失控,尖叫,且伴有共济失调,猛烈振翅和强烈肌肉抽搐,死后两脚朝天,背部着地,颈部扭曲,从发病到死亡约为1分钟。剖检见肺淤血,心脏扩大,心肌松软。

(3)防治 减少应激因素,肉仔鸡实施间歇光照。

271 鸡感冒如何防治?

(1)流行特点 鸡突然受寒冷刺激所致。以1～10日龄雏鸡易发,尤以弱雏易患。

(2)主要症状及病变 精神委顿,呆立,扎堆,减食,流泪,鼻流清水,甩头咳嗽,呼吸加快。

(3)防治 控制好育雏室温度。可选用中药治疗:柴胡、知母、金银花、连翘、枇杷叶、莱菔子各50 g,水煎取汁1 000 mL,供1 000只雏鸡饮用。风寒型感冒可用藿香正气水以2倍温水稀释后用吸管投服,雏鸡每次每只1 mL,中鸡2 mL,成鸡3 mL,每天2次,连用1～2天。规模化鸡场可拌料或饮水。

272 鸡中暑如何防治?

(1)流行特点 日射病或热射病的统称。高温、高湿、拥挤、通风不良、饮水不足易引起。

(2)主要症状及病变

热射病。呼吸急促,张口呼吸,两翅张开,重者眩晕,不站立,饮水多,昏迷、惊厥死亡。

日射病。烦躁不安,战栗,体温高,昏迷,麻痹,痉挛,死亡。剖检见肺淤血、水肿,心冠脂肪点状出血,脑膜充血或出血,肝肿大,呈土黄色,有出血点,全身静脉淤血，血液凝固不良（图 7-28）。

（3）防治　消除病因。中暑时采用降低鸡体温的措施，并选用以下方法治疗：人丹 2～4 粒，十滴水 3～6 滴，藿香正气丸 4～10 粒，加少量水一次灌服，抢救有效。小鸡热射病可服三黄散：黄连、黄柏、黄芩、栀子各 150 g，生石膏 200 g，甘草 200 g，煎汁去渣，每只鸡灌服 3 mL，每日 1～2 次，连用数日有效。

图 7-28　鸡中暑死亡

273 鸡喹乙醇中毒如何防治？

（1）流行特点　喹乙醇在饲料中添加量过大（超过 30 mg/kg 饲料），或连续使用超过 5 天，或搅拌不均匀引起中毒。

（2）主要症状及病变　蹲伏少动，食欲不振或废绝，颤抖、流涎，排褐色稀粪，冠、髯发绀，嗉囊充满液体。呼吸急促，乱窜疾跑，死前尖叫、排翅挣扎，角弓反张。剖检见血液凝固不良，肝肿大、淤血、色暗红，有出血点，质脆。胆囊扩张，充满绿色胆汁。心外膜充血、出血。消化道出血，脾、肾肿大，充血。成年母鸡卵泡变形、破裂。

（3）防治　消除病因可预防。发现中毒立即停喂喹乙醇，硫酸钠水溶液饮水，重者灌服，再用 5%葡萄糖水或用绿豆甘草解毒汤：绿豆 200 g，甘草 40 g，加水煎煮，去渣得药液 1 000 mL，加白糖 50 g，饮水或灌服，每次每只鸡视个体大小用 2～6 mL，每天 3 次。

274 鸡氨气中毒如何防治？

（1）流行特点　鸡舍氨气浓度过高（人感到刺鼻并流泪），鸡呼吸道受损引起中毒，雏鸡敏感。

（2）主要症状及病变　眼结膜潮红、充血，头青紫，行走不稳，口流泡沫，咳嗽，喷嚏，产蛋量下降。重者失明，抽搐、麻痹死亡，死前发出“丝丝”声。剖检见尸僵不全，皮下有针尖状出血，血液稀薄，喉头水肿，气管充血，肺淤血、水肿，心包积液，肾灰白色，肝肿大变脆。

（3）防治　保持鸡舍干燥，加强通风换气。发现中毒立即转舍，给病鸡饮 1∶3 000 硫酸铜水。对有呼吸道症状者用抗生素类药物控制继发感染。

275 鸡一氧化碳中毒如何防治?

(1)流行特点　育雏室或冬季鸡舍烧煤取暖,一氧化碳排放不良所致。

(2)主要症状及病变　轻者羽毛松乱,精神沉郁,食欲减退。重者烦躁不安,呼吸困难,运动失调,喘息,昏迷嗜睡,侧卧,头向后伸,死前痉挛和抽搐。剖检见血管及各脏器血液呈鲜红色或樱桃红色,脏器表面有小出血点。

(3)防治　防采暖设备漏烟,室内通风良好。发现中毒立即转舍。可用茶叶250 g,开水 5 L 冲泡,供病雏饮用,连服 3～5 天。

276 鸡有机磷农药中毒如何防治?

(1)流行特点　鸡对有机磷农药特别敏感,误食被污染的饲料、饮水或用敌百虫浓度过大中毒。

(2)主要症状及病变　大量流口水、鼻液,流泪,腹泻,站立不稳,呼吸困难,冠髯青紫,最后抽搐昏迷而死。剖检可闻到胃内容物有大蒜味,胃黏膜出血、溃疡,肝肾肿大、质脆,脂肪变性。

(3)防治　防农药污染饲料和饮水。一旦中毒可用绿豆 9 g 捣烂加水适量,1 次灌服,或用冷浓茶水 3 匙,1 次灌服。同时可肌肉注射葡萄糖生理盐水或葡萄糖各 5 mL。经皮肤中毒时,应立即用 5%石灰水或肥皂水洗涤(敌百虫中毒用清水洗)。

277 食盐中毒如何防治?

(1)流行特点　饲喂含盐高的鱼粉或饲料中食盐含量高引起的鸡矿物质中毒病。

(2)主要症状及病变　以口渴、粪便含水量增多、运动失调、大量死亡为特征。剖检见皮下水肿,腹腔和心包积水,肺水肿,消化道充血、出血,脑水肿,肾脏和输尿管尿酸盐沉积。

(3)防治　中毒后应立即停止饲喂原饲料,改喂无盐而易消化的饲料,直到康复为止。轻度中毒鸡,供给清洁饮水或 5%糖水。严重中毒鸡群,要适当控制饮水量,每隔 1 小时让鸡饮水 10～20 分钟。中草药方:生葛根 100 g,甘草 10 g,茶叶20 g,加水 1 500 mL,煮沸半小时,过滤去渣,待冷后供 100 只鸡自由饮用。

磺胺类药物中毒如何防治？

(1)流行特点　磺胺药物的治疗剂量与中毒量接近，用药剂量过大，或连续使用超过 7 天，即可造成中毒。雏鸡最易中毒。肝肾疾患、体质弱或饲料中缺乏维生素 K 时易引起发病。

(2)主要症状及病变　食欲减退或废绝，烦渴，虚弱，贫血，黄疸，下痢，粪便呈酱油色。呼吸困难，冠髯青紫。剖检见全身性广泛性出血，肝肿大，紫红或黄褐色，脾肿大。

(3)防治　磺胺类药物一般连用不超过 5 天，产蛋鸡禁用。多选用高效低毒的磺胺类药物，如复方新诺明、磺胺喹噁啉、磺胺氯吡嗪等。中毒时应立即停止饲喂磺胺类药物，供给充足饮水，饮水中加入 1%小苏打和 5%葡萄糖溶液，连饮 3～4 天。也可在每公斤饲料中加入 5 mg 维生素 K_3，连用 3～4 天，或将日粮中维生素含量提高一倍。中毒严重的病鸡可肌肉注射维生素 B_{12} 1～2 μg 或叶酸 50～100 μg。用车前草煮水，加适量小苏打喂服，促进药物排出，同时饮甘草糖水。

279 黄曲霉毒素中毒如何防治？

(1)流行特点　由黄曲霉菌引起的鸡的一种真菌性呼吸道传染病。饲喂发霉的饲料常引起黄曲霉素中毒。主要是损害肝脏并有致癌作用，以雏鸡敏感性最高，中毒后可造成大批死亡。

(2)主要症状及病变　精神沉郁，衰弱，食欲减少，生长不良，贫血，拉血色稀粪，翅下垂，腿软无力，走路不稳，腿和脚由于皮下出血而呈紫红色，死时角弓反张，死亡率可达 100%。剖检可见皮肤发红，皮下水肿，有时皮下、肌肉有出血点。特征性病变是肝脏，急性中毒肝脏肿大、变淡、黄白色、出血斑点或坏死，胆囊充满胆汁，肾脏苍白、稍肿大，或见出血点。慢性中毒时，肝硬化、缩小、变黄，有白色大头针帽状或结节状病灶，甚至见肝癌结节，心包和腹腔积水。胃及肠道充血、出血、溃疡(图 7-29)。

(3)防治　不喂发霉饲料，防止饲料发霉。对已中毒的鸡，立即更换饲料，补给盐类泻剂，排除肠道毒素，供充足青绿饲料。可用“独活寄生汤”加减治疗：独活 100 g，桑寄生 160 g，秦艽、防风、川芎、芍药、杜仲、防己各 60 g，细辛 18 g，牛膝、干地黄各 50 g，当归、车前子、薏苡仁各 100 g，党参 140 g，甘草 45 g，苍术 80 g，莱菔子 250 g，水煎服 2 剂。

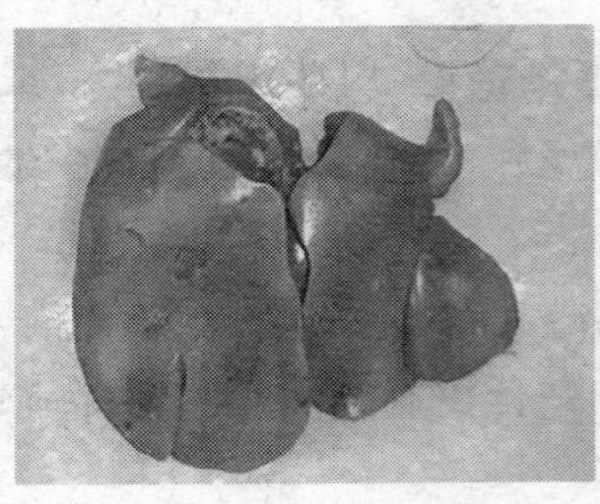

a.肝脏呈苍白色、脆弱

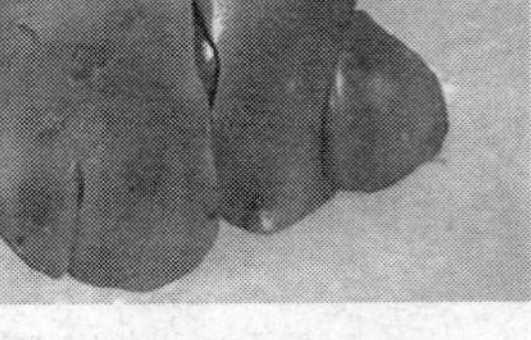

b.黄白色稀便

图 7-29　鸡黄曲霉菌中毒症状

八、鸡场经营管理

280 什么是鸡场经营管理？

经营是指商品生产者根据市场需要及企业内外部环境条件，合理地选择生产，对产、供、销各环节进行合理分配和组合，使生产适应于社会的需要，以求用最少的人、财、物消耗取得最多的物质产出和最大的经济效益。管理是指商品生产者为实现预期的经营目标所进行的计划、组织、指挥、协调、控制等工作。

经营是确定方向、目标性的经济活动，管理则是执行性的活动，是企业内部人与人、人与物的联系。一个企业如果没有明确的经营目标和正确的决策，生产就会陷入盲目性，管理也就会失去目标，经营目标也就难以实现。只有在善于经营的前提下，加上科学的管理，才能取得良好的经济效益。

281 鸡场经营管理的基本内容是什么？

(1)生产前的决策　养鸡场的经营决策就是对养鸡场的建场方针、奋斗目标以及实现这一目标所采取的重大措施做出选择与决定。

明确经营方向。首先确定鸡场的终端产品是什么。鸡场的经营方向，可分为专业化鸡场和综合性鸡场。专业化鸡场又有种鸡场、商品鸡场之分。以繁育优良鸡种，向市场推广种蛋、种雏为主要产品的为种鸡场，包括原种场、曾祖代场、祖代场和父母代场，按其不同的用途区分为蛋用型种鸡场和肉用型种鸡场。以饲养商品鸡、向市场提供鲜蛋和肉仔鸡为主产品的为商品鸡场，可分为商品蛋鸡场和商品肉鸡场。综合性鸡场设有饲料厂、祖代鸡场、父母代鸡场、孵化厂、商品鸡场、屠宰加工厂、出口等，使各场成为有机联合体。

明确生产规模。我国养鸡规模可分为大、中、小三种。10 万只以上为大型养鸡场，1 万只以下为小型养鸡场，介于二者之间的为中型养鸡场，

明确饲养方式。主要有密闭式和开放式两种鸡舍类型，有地面平养、网上平

养、散养和笼养四种饲养方式。

(2)生产组织　中小型养鸡场的生产组织模式是由场长、技术员、饲养员以及会计、出纳、保管员、饲料加工员、驾驶员、炊事员等组成。大型养鸡公司的组织除此以外,增设总部生产组织,包括董事会和董事长、总经理、财会部、科研部、生产部、供应部、销售部、人事部等机构。每个鸡场在年初生产之前,都要详细制订生产计划,包括产量计划、鸡群周转计划、饲料计划、产品销售计划、利润计划,以便有计划地安排生产,减少盲目性。

(3)生产管理　通过制定各项规章制度和方案作为生产过程中管理的依据,使生产能够达到预定的指标和水平,包括人的管理、技术管理、资金管理和房建设备管理。

人的管理实质上是场长管人的问题。养鸡场要规范各项规章制度,如工资奖罚制度、岗位责任制、作息制度、消毒防疫卫生制度、物品使用制度等,制度上墙,用制度管人,严格执行。

技术管理就是把制定的技术措施(如技术操作规程、饲养员一日工作程序)及时、全面、准确地贯彻下去。技术员应在场长领导下将每一个技术措施变成实际行动。

资金管理指流动资金的管理,既包括现金管理,又包括饲料、鸡蛋、器材等物质的管理。要有健全的财务制度、账本记录和财会手续。收支情况要日清月结,笔笔清楚。

房建设备管理实质上是固定资金的管理,包括厂房、附属建筑、道路、围墙、笼具、水电设备的管理。房建设备管理好了,就可以节约一大笔资金。

(4)经济核算　鸡场经过一定阶段生产后,应进行生产总结,进行经济核算,以检查生产计划及利润计划的完成情况。在此基础上,进行经济分析,提高经济效益。

282 市场调查的内容有哪些?

①鸡肉、鸡蛋、雏鸡的供求关系。

②市场销售渠道、销售方法和销售价格。

③产品的竞争能力。

④农贸市场肉鸡、鸡蛋、种雏、商品代雏鸡的成交情况。

⑤养鸡设备供应情况。

283 市场预测的内容有哪些?

①本地区近阶段人口增长对肉鸡、鸡蛋、雏鸡需求量的变化。

②近阶段国内有何新品种引进，可能对原有品种种雏销售引起的冲击。

③国际市场需求的变化对肉鸡、鸡蛋及其制品出口量增减可能造成的影响。

④饲料价格变化对养鸡业发展的影响。

284 鸡场制订生产计划的依据是什么?

(1)生产工艺流程　综合性蛋鸡场的生产流程为：种鸡(舍)→种蛋(室)→孵化(室)→育雏(舍)→育成(舍)→蛋鸡(舍)。肉鸡场的产品为肉用仔鸡，多为“全进全出”生产模式。

(2)经济技术指标　各项经济技术指标是制定生产计划的重要依据。制订计划时可参照鸡饲养管理手册上提供的技术指标，并结合本场近年来正常情况下实际达到的生产水平。

(3)生产条件　将当前生产条件(房舍设备、品种、饲料和人员等)与过去的条件对比，看有否改进或倒退，酌情确定新计划增减的幅度。

(4)创新能力　采用新技术、新工艺或开源节流、挖掘潜力等可能增产的数量。

(5)经济效益制度　效益指标常低于计划指标，以保证承包人有产可超。也可以两者相同，提高超产部分的提成，或适当降低计划指标。

285 鸡场的经济指标有哪些?

(1)生活力

雏鸡成活率。指育雏期末成活雏鸡数占入舍雏鸡数的百分比。

$$雏鸡成活率=\frac{育雏期末成活雏鸡数}{入舍雏鸡数}\times 100\%$$

育成鸡成活率。指育成期末成活育成鸡数占育雏期末入舍雏鸡数的百分比。

$$育成鸡成活率=\frac{育雏期末成活鸡数}{育雏期末入舍雏鸡数}\times 100\%$$

产蛋期母鸡存活率。入舍母鸡数减去死亡数和淘汰数后的存活数占入舍母鸡数的百分比。

$$母鸡存活率=\frac{入舍母鸡数-(死亡数+淘汰数)}{入舍母鸡数}\times 100\%$$

(2)繁殖力

种蛋合格率。指种母鸡在规定的产蛋期内所产符合品种要求的种蛋数占产蛋总数的百分比。

$$种蛋合格率=\frac{合格种蛋数}{产蛋总数}\times 100\%$$

种蛋受精率。指受精蛋数占入孵蛋数的百分比。

$$种蛋受精率=\frac{受精蛋数}{入孵蛋数}\times 100\%$$

受精蛋孵化率。指出雏数占受精蛋数的百分比。

$$受精蛋孵化率=\frac{出雏数}{受精蛋数}\times 100\%$$

入孵蛋孵化率。指出雏数占入孵蛋数的百分比。

$$入孵蛋孵化率=\frac{出雏数}{入孵蛋数}\times 100\%$$

健雏率。指健康雏鸡数占出雏鸡数的百分比。

$$健雏率=\frac{健雏数}{出雏数}\times 100\%$$

种母鸡提供的健雏数。指在规定产蛋期内,每只种母鸡所提供的健雏数。

(3)产蛋性能

产蛋量。指母鸡在统计期内的产蛋数量。群体产蛋量的计算方法有如下两种:

$$饲养只日产蛋量(枚/只)=\frac{统计期内产蛋数}{统计期内饲养只日总和\div 统计期日数}$$

$$入舍母鸡产蛋量(枚/只)=\frac{统计期内总产蛋数}{入舍母鸡数}$$

产蛋率。指母鸡在统计期内的产蛋百分率。

$$饲养只日产蛋率=\frac{统计期内总产蛋数}{统计期内总饲养只日数}\times 100\%$$

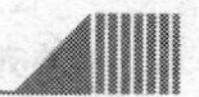

$$入舍母鸡产蛋率=\frac{统计期内总产蛋数}{入舍母鸡数\times统计期日数}\times100\%$$

$$群体日产蛋率=\frac{当日总产蛋数}{当日总饲养只数}\times100\%$$

蛋重。个体记录鸡群的平均蛋重为每只母鸡连续称 3 天以上的蛋重，求平均值。群体记录的蛋重为 300 日龄连续称 3 天的产蛋总重，求平均值，以 g 为单位。总蛋重(kg)=(平均蛋重×平均产蛋量)÷1 000。

蛋品质。包括蛋的外部品质和内部品质。蛋形指数表示蛋的形状，指蛋的长径和短径的比例，正常鸡蛋为椭圆形，蛋形指数是 1.32～1.39，标准是 1.35。蛋壳颜色是鸡品种的重要标志，有白壳蛋、褐壳蛋、粉壳蛋和绿壳蛋。蛋壳强度指蛋壳耐受压力的大小，蛋壳结构致密，则耐受压力大，蛋不易破碎。蛋壳厚度指蛋壳的致密度，一般在 370 μm 左右，太薄的蛋壳，容易破碎。蛋的比重表明蛋的新鲜程度，比重越大，蛋越新鲜。蛋白高度是体现鸡蛋蛋白品质的指标，随着鸡蛋保存时间延长，蛋白高度会逐渐降低。哈氏单位是由蛋重按蛋白高度加以校正后计算而得的值，范围一般从 100(最好)到 30(最差)，随着鸡蛋保存时间的延长、母鸡年龄增长和环境温度升高，哈氏单位会降低。蛋黄色泽越浓，表示蛋的品质越好，蛋黄颜色与鸡的品种、饲料中叶黄素含量有关。血斑蛋和肉斑蛋影响蛋的品质。

(4)肉用性能

体重与增重。早期体重是肉用鸡育种的重要目标，而对蛋用鸡和种鸡，体重是衡量生长发育程度及群体均匀度的重要指标。增重表示某一年龄段内体重的增加。

屠体性能。屠宰率是屠体重与活重的百分比，是肉鸡的重要性状。屠体缺陷指肉鸡屠体有龙骨弯曲、胸部囊肿和绿肌病。腹脂率是指腹脂重和肌胃外脂肪重两者之和与全净膛重的百分比，通过育种可以降低肉鸡的腹脂率。

体重和骨骼发育。理想的肉鸡要求胸部宽大，肌肉丰满，体格宽深，腿部粗壮结实。从外观上来看，圆胸已成为肉鸡区别于蛋鸡的重要特征之一。

(5)饲料转化率　也称为饲料利用率，指饲料转化为蛋或肉的效果。蛋鸡料蛋比是指产蛋期消耗的饲料量与总产蛋重的比值，即每产 1 kg 蛋所消耗的饲料量。肉鸡料肉比指饲料消耗量与增重之比，即每产 1 kg 活重所消耗的饲料量。

$$料蛋比=\frac{产蛋期耗料量(kg)}{总产蛋量(kg)}$$

$$料肉比=\frac{消化饲料总量(kg)}{增重总量(kg)}$$

286 如何确定鸡场的劳动定额?

表 8-1 列出鸡场各项劳动定额,供饲养者在制定本场劳动定额时参考。

表 8-1 养鸡场的劳动定额

工种	内容	定额/(只/人)	操作方式
肉种鸡开产前(平养)	一次性清粪	1 800～3 000	人工加料,供水自动
肉种鸡开产前(笼养)	经常清粪,人工供暖	1 800～3 000	人工加料,供水自动
肉种鸡两高一低(平养)	一次性清粪	1 800～2 000	人工加料,供水自动,手工捡蛋
肉种鸡笼养	手工操作,人工授精	300/2	人工加料,供水自动,两层笼养
肉仔鸡	1 日龄至上市	5 000	人工加料,供水自动,人工供暖
		10 000～20 000	机械加料,供水自动,集中供暖
蛋鸡育雏期	四层笼养,第 1 周值班,注射疫苗	6 000/2	需要防疫员协助注射疫苗
蛋鸡育成期	三层育成笼,饲喂、清粪	6 000	机械加料,供水自动,机械清粪
育雏育成一段式	笼养、平面网上饲养	6 000	人工加料,供水自动,机械清粪
蛋鸡笼养	手工饲喂,捡蛋	7 000～12 000	供水自动,机械饲喂,刮粪
蛋种鸡笼养	手工饲喂,人工授精	2 000～2 500	乳头自动饮水,采精输精需要协助
孵化	孵化操作与雌雄鉴别	3 000/2	蛋车式,自动化程度高
清粪		3 万～4 万只的粪	笼下刮出运走

287 怎样建立鸡场规章制度?

(1)制订技术操作规程 不同饲养阶段的鸡群,按其生产周期制定不同的技术操作规程。如育雏、育成鸡、蛋鸡技术操作规程。

(2)制订鸡场日工作程序　鸡舍每日从早到晚按时划分,规定出每项具体操作内容,使每日的饲养管理工作按部就班准时完成。

(3)制订综合防疫制度　根据本场的实际情况,制订并严格执行卫生防疫制度,是做好养鸡生产的重要保证。

(4)建立岗位责任制　在鸡场的生产管理中,要做到每一项工作都有人去做,每一个人都有工作可做,需要建立联产计酬的岗位责任制。

(5)其他制度　如物资财产管理制度、车辆管理制度、奖惩制度和考勤制度等。

288 如何建立岗位责任制?

饲养员的承包岗位责任制有以下几种办法:

(1)完全承包制　对饲养员停发工资及一切其他收入,每只鸡按入舍鸡数交蛋,超过部分全部归己。育成鸡、淘汰鸡、鸡蛋、饲料都按场内价格记账结算,经营销售由场部组织进行。此承包法是最彻底的,但对饲养员个人来说风险很大。

(2)超产提成　首先保证饲养员的基本生活费收入,承包指标为平均先进指标,要经过很大努力才能超额完成,奖罚的比例也是合适的,奖多罚少。此种承包办法各鸡场都可采用。

(3)有限奖励承包办法　有些鸡场为了防止饲养员因承包超产收入过高,可以采用按百分比奖励办法。如某鸡场对育雏育成人员承包办法:20 周龄育成率达 90%,日工资每人每天 50 元,每超过一个百分点增加 100 元。

(4)计件工资制　如加工 1 t 饲料,报酬 50 元。雌雄鉴别,每只计 1 毛钱。对销售人员取消工资,按销售额提成。只要指标定的恰当,都能激发员工工作积极性。

(5)目标工作制　现代化养鸡企业由于高度机械化和自动化,用人很少,生产效率很高,工资水平也很高,在这种情况下不用承包制而使用目标责任制,完成目标拿工资,年终还有红包,完不成者将被辞退。这种制度适用于私有现代化养鸡企业。

289 怎样制定鸡场的岗位职责?

(1)场长　全权主管鸡场的人、财、物和一切经营活动。制订全年生产计划、经济指标和各种规章制度,并监督、检查其落实情况;组织制定和初审各批鸡的饲养管理方案及预防措施；及时收集和掌握市场信息，修订和调整生产计划；落实经理办公会议有关决定，定期向总经理汇报生产情况；协调养鸡场与地方有关部门之间的关系；妥善处理各种突发事件。

（2）兽医技术员　主管全场的技术工作，当好场长的参谋。制订防疫计划并组织实施；按计划开展各种疫苗的免疫接种工作，并检查免疫效果；对病鸡进行临床诊断、治疗和护理；对鸡舍及饲养器具进行定期预防性投药、消毒，并检查效果；引种时的检疫工作；及时掌握疫情动态，学习和掌握疫病防治新技术和新方法。

（3）饲养员　遵纪守法，严格遵守场内各项规章制度。服从领导工作安排和技术员技术指导，做好本职工作；认真学习养鸡基本理论知识，熟练掌握各种操作技能。严格贯彻各项饲养操作规程，认真观察鸡群状况，若发现病鸡应及时治疗或报告兽医技术员；做好各项记录填写工作。

290 怎样制订鸡群周转计划？

鸡群周转计划是鸡场生产计划的基本，鸡场转群是按照本场鸡群周转计划进行的。现有一商品蛋鸡场，采用三段饲养制，育雏、育成、蛋鸡舍分别按 2、3、12 栋配制，全年均衡生产，鸡群周转模式如表 8-2。

表 8-2　6.6 万只蛋鸡场鸡群周转模式

项目	雏鸡	育成鸡	蛋鸡
饲料阶段日龄	1～49	50～140	141～532
饲养天数	49	91	392
空舍天数	19	11	16
每栋周期天数	68	102	408
鸡舍栋数	2	3	12
每栋鸡位数	6 864（成活率 90％）	6 177（成活率 90％）	5 560
408 天饲养批数	6	4	1
总笼数	13 728	18 531 （成活率高于 90％，笼位可减少）	66 720
总饲养鸡数	82 368	74 124	66 720

表 8-3、表 8-4 分别列出雏鸡、育成鸡和蛋鸡的周转计划表。

表 8-3 雏鸡、育成鸡周转计划表

日期	0～42 日龄					43～132 日龄				
	期初数	转入数	转出数	成活率	平均饲养只数	期初数	转入数	转出数	成活率	平均饲养只数
合计										

表 8-4 蛋鸡周转计划表(133～504 日龄)

日期	初期数	转入数量		死亡数	淘汰数	存活率	总饲养只日数	平均饲养只数
		日期	数量					
合计								

291 怎样制订产品生产计划?

包括产蛋计划和产肉计划。蛋鸡场产蛋计划需根据饲养的品种生产标准,综合本场的具体饲养条件,同时参考上一年的产蛋量,经过努力可完成或超额完成(表 8-5)。商品肉鸡场产肉计包括每月的出栏数、出栏重、合格率、一级品率,同时反映产品的数量和质量水平。

表 8-5 产蛋计划

项目	产蛋日期	产蛋日龄	每只鸡日均产蛋数	产蛋率	蛋重	饲料效率

292 怎样制订孵化计划?

在孵化前,根据孵化和出雏能力、种蛋数量及雏鸡销售情况,订出孵化计划表(表 8-6),并准备好孵化记录表(表 8-7)。

表 8-6 孵化工作日程计划表

批次	入孵时间	入孵蛋数	头照日期	出雏器消毒	移盘日期	雏鸡消毒	出雏日期	出雏结束时间	雌雄鉴别	接种疫苗	接雏

表 8-7　孵化记录表

批次	上蛋日期	上蛋数	无精蛋			中死蛋			死胎	碎蛋	出雏			受精蛋数	受精率/%	受精蛋孵化率/%	入孵蛋孵化率/%
			一照	二照	合计	一照	二照	合计			健雏	弱雏	合计				

293 怎样制订饲料供应计划？

一般每只鸡需要的饲料量，肉用仔鸡 4～5 kg，雏鸡 1 kg，育成鸡 8～9 kg，蛋用型成年母鸡 39～42 kg，肉用型成年母鸡 40～45 kg。据此可推算出每天、每周及每月鸡场饲料需要量。饲料如为购入的，只注明饲料标号，如雏鸡料、中鸡料、蛋鸡 1 号料、蛋鸡 2 号料即可。如为本场自配，须列出饲料种类及数量，见表 8-8、表 8-9。

表 8-8　雏鸡育成鸡饲料计划

雏鸡周龄	平均饲养只数	饲料总量/kg	各种料量/kg						添加剂
			玉米	豆粕	鱼粉	麸皮	骨粉	石粉	
1～6									
7～14									
15～20									
合计									

表 8-9　蛋鸡饲料计划

月份	饲养只日数	饲料总量/kg	各种料量/kg						添加剂
			玉米	豆粕	鱼粉	麸皮	骨粉	石粉	
合计									

294 鸡场的总成本由哪两部分构成？

生产成本一般分为固定成本和可变成本。固定成本包括固定资产（鸡场房屋、鸡舍、饲养设备、运输工具、动力机械、生活设施等）折旧费、土地税、基建贷款利息、工资、管理费用等。组成固定成本的各种费用必须按时支付，即使鸡场不养鸡，只要这个企业还存在，都得按时支付。可变成本也称流动资金，是生产过程中使用的消耗资金，包括饲料费、种苗费、兽药费、疫苗费、能源费、临时工工资及奖金等。表8-10可以看出，饲料费用一般占总成本的60%以上。

表8-10　养鸡场成本大概支出比例构成

项目	比例/%	项目	比例/%
职工工资福利	7.0	能源	1.5
雏鸡费	15.0	固定资产折旧费	3.0
饲料费	65.0	税收	0.8
种苗费	1.5	贷款利息	0.5
兽药费	1.0	其他	4.7

295　鸡场生产费用由哪几部分构成？

(1)直接生产费用　指直接为生产鸡产品所支出的费用。

工资福利。直接从事养鸡生产人员的工资、津贴、奖金、福利等。

饲料费。养鸡场耗用的自产和外购的各种饲料原料及全价配合饲料的费用和运杂费。

疫病防治费。包括疫苗、药品、消毒剂和检疫费、专家咨询费等。

燃料及动力费。直接用于养鸡生产的燃料、动力、水电费和水资源费等。

固定资产折旧费。鸡舍和专用机械设备的折旧费，房屋等建筑物一般按10～15年折旧，鸡场专用设备按5～8年折旧。

固定资产修理费。为保持鸡舍和专用设备的完好所发生的一切维修费用，一般占年折旧费的5%～10%。

种鸡摊销费。指生产每千克蛋或每千克活重所分摊的种鸡费用。

种鸡摊销费(元/kg)＝(种鸡原值－种鸡残值)÷只鸡重(或产蛋重)

低值易耗品费用。指低价值的工具、材料、劳保用品等易耗品的费用。

其他直接费用。凡不能列入上述各项而实际已经消耗的直接费用。

(2)间接生产费用　指间接为鸡产品生产提供劳务而发生的费用，包括企业管理费、财务费和销售费用，不能直接计入某种产品中，需要在养鸡场内各产品之间进行分摊。

296 鸡场怎样计算生产成本？

(1)种蛋生产成本的计算　种蛋生产费为每只入舍种鸡自入舍至淘汰期间的所有费用之和，其中入舍种鸡自身价值以种鸡育成费体现，副产品价值包括期内淘汰鸡、期末淘汰鸡、鸡粪等的收入。

每枚种蛋成本＝(种蛋生产费用－副产品价值)÷入舍种鸡出售种蛋数

(2)商品蛋生产成本的计算　蛋鸡生产费用是每只入舍母鸡自入舍至淘汰期间的所有费用之和，副产品价值同种蛋生产成本的计算方法。

每千克鸡蛋成本＝(蛋鸡生产费用－副产品价值)÷入舍母鸡总产蛋量

(3)种雏生产成本的计算　孵化生产费包括种蛋采购费、孵化过程的全部费用和各种摊销费、雌雄鉴别费、疫苗注射费、雏鸡发运费、销售费等，副产品价值主要是未受精蛋、毛蛋和公雏等的收入。

种雏只成本＝(种蛋费＋孵化生产费－副产品价值)÷出售种雏数

(4)雏鸡、育成鸡生产成本的计算　按平均每只每日饲养雏鸡、育成鸡的饲养费用计算。期内全部饲养费用是上述所列生产成本核算内容中 10 项费用之和。雏鸡(育成鸡)饲养只日成本直接反映饲养管理的水平。饲养管理水平越高，饲养只日成本就越低。

雏鸡(育成鸡)饲养只日成本＝(期内全部饲养费－副产品价值)÷期内饲养只日数

期内饲养只日数＝期初只数×本期饲养日数＋期内转入只数×自转入至期末日数－死淘鸡只数×死淘日至期末日数

(5)商品肉鸡生产成本的计算　商品肉鸡生产费用包括肉雏鸡苗费与整个饲养期其他各项费用之和，副产品价值主要是鸡粪收入。

每千克商品肉鸡成本＝(商品肉鸡生产费用－副产品价值)÷出栏商品肉鸡总重(kg)

或　每只商品肉鸡成本＝(商品肉鸡生产费用－副产品价值)÷出栏商品肉鸡只数

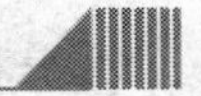

297 育成鸡和鸡蛋的成本怎样构成？

成本构成见表 8-11。只要知道一项开支即可推算出总成本额，如知道育成鸡饲料费是多少，用饲料费除以 65％，即可推算出该鸡养到 20 周龄时的总成本。

表 8-11 育成鸡和鸡蛋的成本结构

项目	每项费用占总成本的比例/％	
	育成鸡（达 20 周龄）总成本构成	鸡蛋的总成本构成
雏鸡费	17.5	—
后备鸡摊销费	—	16.8
饲料费	65.0	70.1
工资福利费	6.8	2.1
疫病防治费	2.5	1.2
燃料水电费	2.0	1.3
固定资产折旧费	3.0	2.8
维修费	0.5	0.4
低值易耗品费	0.3	0.4
其他直接费用	0.9	1.2
期间费用	1.5	3.7
合计	100	100

298 如何分析鸡场盈亏平衡点？

盈亏临界点又叫保本点，是鸡场盈利还是亏损的分界线。

(1)鸡蛋生产成本临界点分析　如某鸡场每只蛋鸡日均产蛋重（产蛋率×平均蛋重）为 42 g，饲料单价 2.5 元/kg，饲料消耗 110 g/(只·日)，饲料费占总成本的比率为 65％。该鸡场每千克鸡蛋的生产成本临界点为：

鸡蛋生产成本临界点＝（饲料价格×日耗料量）÷（饲料费占总成本的比率×日产蛋量）

＝(2.5×110)÷(0.65×42)＝10.07(元/kg)

即表明每千克鸡蛋平均售价达到 10.07 元时，鸡场可以保本，不亏不盈，市场销售价格高于 10.07 元/kg 时，该鸡场才能盈利。根据上述公式，如果知道市场蛋价，也可以计算鸡场最低日均产蛋重的临界点，鸡场日均产蛋重高于此点即可盈利，低于此点就会亏损。

(2)产蛋率临界点分析　如果上例中市场蛋价为10元/kg，平均每枚蛋重60 g，那么：

临界产蛋率＝(饲料单价×日耗料量)÷(饲料占总成本比率×平均蛋重×蛋价)×100%

＝(2.5×110)÷(0.65×60×10)×100%＝70.51%

即产蛋期内鸡群平均产蛋率应保持在70.51%以上的水平，才能保证盈利。在接近或低于70.51%时就亏损，可考虑淘汰处理。

(3)商品肉鸡生产成本临界点分析

每千克商品肉鸡成本＝(商品肉鸡生产费用－副产品价值)÷出栏商品肉鸡总重

商品肉鸡日增重保本点＝(饲料价格×日耗料量)÷(饲料费占总费用的比例×日增重)

299 鸡场利润分析有哪些指标？

(1)利润总额

利润总额＝销售收入－生产成本－销售费用±营业外收支额

营业外收支是指与鸡场生产经营无直接关系的收入或支出。如果营业外收入大于营业外支出，则收支相抵后的净额为正数，可以增加鸡场利润。反之，收支相抵后的净额为负数，鸡场的利润就减少。

(2)利润率　鸡场盈利应以资金利润率作为主要指标，它不仅能反映鸡场的投资状况，还能反映资金的周转情况。资金在周转中才能获得利润，资金周转越快，周转次数越多，鸡场的获利就越大。

资金利润率＝年利润总额/(年流动资金额＋年固定资金平均总值)×100%

300 提高养鸡经济效益的措施有哪些？

(1)挖掘鸡场生产潜力　发挥鸡场全体员工的积极性和创造性，厉行节约，减少饲料、能源等各种消耗，利用现有鸡舍设备创造更多的产值。

(2)饲养优良高产鸡群　品种是影响养鸡生产的第一因素。在同样的鸡群数

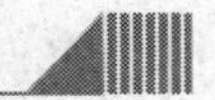

量和饲养管理条件下，选择优良品种，能大幅度提高产品产量。

(3)鸡场规模　利润的增加与鸡场规模成正比。鸡场规模过小，不能创造高额利润，特别在产品价格较低情况下，所得利润更少。

(4)适时更新鸡群　以“产蛋鸡盈亏临界点”确定淘汰时机。安排好鸡群周转，充分利用笼位，加快资产周转速度，提高资产利用率。

(5)防止饲料浪费　如浪费2%的饲料，会增加1.3%的费用。

(6)防止能源浪费　鸡场的水、电、煤用量很大，要想方设法节约能源。

(7)重视防疫工作　养鸡者如果只重视突发疾病，而不重视平时的防疫工作，可能造成死淘率上升，产品合格率下降，从而降低产品产量、质量，增加生产成本。

(8)提高全员劳动生产率　压缩一切不必要的非生产支出，实行经济责任制，严格奖罚，提高人员的劳动效率。

参考文献

[1] 莎仁娜，张宏福. 鸡饲料营养配方7日通[M]. 北京：中国农业出版社，2012.

[2] 曲鲁江. 蛋鸡技术100问[M]. 北京：中国农业出版社，2009.

[3] 周大薇. 图说生态养鸡技术与经营管理[M]. 成都：西南交通大学出版社，2014.

[4] 周新民. 家禽生产[M]. 北京：中国农业出版社，2011.

[5] 刘益平. 果园林地生态养鸡技术[M]. 2版. 北京：金盾出版社，2012.

[6] 张守然. 高效鸡饲料配制技术与配方[M]. 呼和浩特：内蒙古人民出版社，2009.

[7] 张贵林. 禽病中草药防治技术[M]. 北京：金盾出版社，1999.

[8] 梁学勇. 动物传染病[M]. 重庆：重庆大学出版社，2007.

[9] 张泉鑫，朱印生. 畜禽疾病中西医防治大全——禽病 [M]. 北京：中国农业出版社，2007.

[10] 陈玉库，邢玉娟，陆桂平. 禽病中西医防治技术[M] 北京：中国农业出版社，2012.